模板工程

从入门到精通

阳鸿钧 等 编著

化学工业出版社
·北京·

内容简介

本书主要介绍了模板工程、模板项目、模板工种的有关基础知识、施工安装规范要求、模板计算与识图、质量验收与管理，以及木模板、钢模板、铝合金模板等具体类型模板与其有关知识、技能、工地实况解读等内容。本书分为3篇，即入门篇、提高篇、精通篇，可以满足各层次读者的需要。本书附带视频，为学习本书内容、拓展书外知识、技能等服务。同时，也为快速掌握工地实况实战技能提供有力支持。

本书可以作为施工人员、模板工、木工、建筑工人等的工作与学习用书，也可以作为模板设计人员、模板制造人员、模板配送租赁人员等的职业培训用书或者参考用书，还可以作为大专院校相关专业的辅导用书，以及灵活就业、想快速掌握一门技能手艺的人员的自学用书。

图书在版编目（CIP）数据

模板工程从入门到精通 / 阳鸿钧等编著 . —北京：化学工业出版社，2021.10

ISBN 978-7-122-39506-1

Ⅰ.①模… Ⅱ.①阳… Ⅲ.①模板法工程 Ⅳ.①TU755.2

中国版本图书馆CIP数据核字（2021）第132376号

责任编辑：彭明兰　　　　　　　　　　　文字编辑：冯国庆
责任校对：张雨彤　　　　　　　　　　　装帧设计：史利平

出版发行：化学工业出版社（北京市东城区青年湖南街13号　邮政编码100011）
印　　刷：北京京华铭诚工贸有限公司
装　　订：三河市振勇印装有限公司
787mm×1092mm　1/16　印张13　字数313千字　2022年5月北京第1版第1次印刷

购书咨询：010-64518888　　　　　　　　售后服务：010-64518899
网　　址：http://www.cip.com.cn
凡购买本书，如有缺损质量问题，本社销售中心负责调换。

定　　价：68.00元

前　言

工程模板，是现代混凝土施工中必需的辅助结构，其用量和需求量都比较大。模板工程已经成为建筑工程施工中量大面广的工程之一。因此，推广应用广泛、适用的模板技术，对于提高工程质量、加快施工进度、提高劳动生产率、降低工程成本和实现文明施工，具有十分重要的意义。

在实际工程中，模板工程需要编制专项施工方案，并且要经过审核和审批，对于一些类似滑模、爬模、飞模等工具式模板工程，高大模板支架工程的专项施工方案，还应进行技术论证和专家论证，模板的安全性、准确性，均不能马虎对待。因此，模板工上岗前必须掌握、学习相关知识和技能。模板工必备技能，"具有很强的工地味"，实践性和实操性强。为了让读者更快更好地掌握这项技能，本书以工地实况解读为主线，对一线模板作业视频、图片结合规范、要求进行讲述，从而使读者掌握的模板技能更符合实际工场工地需求与标准要求。

本书具有以下特点。

（1）内容丰富——本书包括模板有关基础知识、施工工具机具、施工安装规范要求、模板计算与识图、质量验收与管理、常用数据速查速用等内容。

（2）适用范围广——本书既适用于想要掌握模板施工技能的模板工，也适用于想要做模板工程设计、模板项目计算等的工程技术人员，还适用于想要灵活就业、快速掌握一门技能手艺的自学者。

（3）简单易懂——本书尽量把模板的知识技能，结合一线工地现场的实际情况进行介绍。对于规范、要求的讲述，也尽量结合一线工地现场利用图解的方法讲解，避免学习的枯燥感。

（4）实操性强——书中配有相关视频，手把手地指导读者进行实践操作，使读者能够快速上手。

（5）速查速算——本书还介绍了模板计算的相关公式、模板相关数据的速查速用，从而提高查阅效率，方便读者使用。

本书由阳鸿钧、阳育杰、阳许倩、杨红艳、许秋菊、欧小宝、许四一、阳红珍、许满菊、许应菊、许小菊、阳梅开、阳苟妹、唐许静等人员参加编写或支持编写。

本书在编写过程中，参考了一些珍贵的资料，在此向这些资料的作者深表谢意！另外，还参考了现行有关标准、规范、要求等资料，以保证本书内容新，符合现行规范的要求。但标准规范会存在更新、修订等情况。因此，凡涉及标准、规范等应及时跟进现行最新要求。

另外，本书的编写还得到了一些同行、朋友及有关单位的帮助与支持，在此，向他们表示衷心的感谢！

由于作者水平有限，书中难免存在不足之处，敬请广大读者批评、指正。

编著者

2021 年 12 月

目 录

第2篇 提高篇 //059

第3篇 精通篇 //169

第 1 篇

入 门 篇

第 1 章

模板基础知识与工具机具

1.1 模板基础知识

1.1.1 模板的作用与要求

模板与木方，可以说一直都是工地施工的两样"宝"。建筑模板，有时简称为模板。建筑模板主要起到支撑、定型等作用。为了实现其作用，建筑模板及其支架支撑，需要具备足够的承载能力。也就是说，建筑模板需要具备一定的刚度、稳定性，即能够可靠地承受浇筑混凝土的重量，承受得了相应的压力与荷载。

模板的作用与要求

扫一扫

在实际应用中，应保证模板使用时的安全性，并应保证工程结构、构件各部分形状尺寸的正确与相互位置的正确。

建筑模板的应用如图 1-1 所示。

图1-1 建筑模板的应用

使用建筑模板时，还需要保证模板拼接缝严密，不漏浆。尽量采用构造简单，装拆方便，有利于钢筋绑扎安装，符合混凝土浇筑、养护等工艺要求，以及满足有关技术、经济、安全需要的模板与模板体系。

设计建筑模板时，需要符合实际要求。加工建筑模板时，需要把控好各加工参数，以便符合设计和施工要求。建筑模板的要求如图1-2所示。

模板能够承受得了相应的压力与荷载

表面平整

线角顺直

模板拆模后，对于混凝土构件，要求梁类构件不下挠、不漏浆、不烂根、不跑模等

图1-2　建筑模板的要求

干货与提示

影响模板强度的一些因素如下。

① 环境——环境因素在一定程度上会影响模板的整体强度。例如过于干燥的场所，易使模板内部含有的水分蒸发过快，导致结构内应力逐渐增大，从而出现开裂等情况。为此，需要调整好周围环境的干燥程度等以减少对模板的影响。

② 压力——施工中需要采用符合其施工标准的模板。不同材质、规格的模板，其承载性能不同。如果使用不当，可能会因负荷太大而产生开裂等危险现象。

③ 原材料——原材料不同，模板整体强度与质量也不同。为了保证施工质量和效率，需要对原材料进行辨别。

1.1.2　模板的分类

根据模板材料的不同，建筑模板可以分为木模板、铝合金模板、钢模板等。根据施工工艺条件，建筑模板可以分为现浇混凝土模板、预组装模板、大模板、跃升模板等。

模板的分类

扫一扫

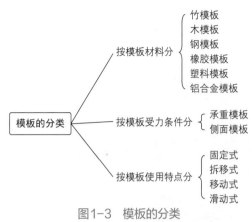

图1-3　模板的分类

模板的分类如图 1-3 所示，木合金模板与铝合金模板实物如图 1-4 所示。常见的模板有组合钢模板、铝合金模板、胶合板模板等。

不同建筑模板的主要材料如下。

① 复合材料——多功能混凝土模板、复合建筑模板、多功能建筑拼块模板等。

② 钢化材料——钢化玻璃组合大模板、轻体模板等。

③ 混凝土材料——工程塑料建筑模板、混凝土模板等。

图1-4　木模板与铝合金模板实物

目前，许多地方推广使用组合钢等模板。但是，有些工程或工程结构的某些部位，依旧使用木模板（即木质建筑模板），其他形式的模板，从构造上而言也是从木模板演变而来的。木模板在圆柱模板、方柱模板、梁模板、剪力墙模板等中均有应用。

常见模板的特点见表 1-1。模板工程一般需要进行专项设计，并且编制施工方案。模板方案一般根据平面形状、结构形式、施工条件来确定。对模板及其支架，需要进行承载力、刚度、稳定性的计算。

表1-1　常见模板的特点

名称	解释
飞模	飞模又叫做桌模、台模。飞模主要由平台板、支撑系统（例如梁、支架、支撑、支腿等）、其他配件（例如升降、行走机构等）等组成。飞模是一种大型工具式模板，由于可借助起重机械，从已浇好的楼板下吊运飞出，转移到上层重复使用而得名
滑动模板	滑动模板就是模板一次组装完成，上面设置有施工作业人员的操作平台，并且是从下而上采用液压或其他提升装置沿现浇混凝土表面边浇筑混凝土边进行同步滑动提升与连续作业，直到现浇结构的作业部分或全部完成
爬模	爬模就是以建筑物的钢筋混凝土墙体为支承主体，依靠自升式爬升支架使大模板完成提升、下降、就位、校正、固定等工作的一种模板系统
隧道模	隧道模就是一种组合式的、可同时浇筑墙体与楼板混凝土的、外形像隧道的一种定型模板

　　模板的质量关系到混凝土工程的质量。模板技术的关键是需要达到尺寸准确、组装牢固、拼缝严密、装拆方便、符合结构形式等要求。大型的、特种工程的模板，以及模板的支撑系统需要进行计算、验算、论证。常见的计算、验算有刚度、强度、稳定性、承受侧压力能力等项目。

1.1.3　不同模板间的比较

　　不同模板间的比较见表1-2。

表1-2　不同模板间的比较

项目	木模板	组合钢模板	全钢大模板	建筑铝模板
面板材料及厚度/mm	15厚木板	2.3～2.5厚钢板	5～6厚钢板	3～4厚铝板
模板厚度/mm	15/18	55	85/86	54/65
模板质量/kg	10.5	35～40	85～95	18.5～20
周转次数/次	8	100	600	500
应用范围	住宅建筑墙柱梁板	住宅建筑墙柱梁板	墙柱体、桥梁	全部结构件
混凝土表面质量	工艺要求高	不易达到	可以达到	易达到
回收价值	无，另付清理费	中	中	30%，残值高
对吊装机械的依赖	部分依赖	部分依赖	依赖	不依赖
施工难度	易	较容易	易	易
施工效率	低	低	高	高
维护费用	低	较低	高	低

　　混凝土结构高层建筑模板选型需要符合的一些规定要求如下。

　　① 清水混凝土、装饰混凝土模板，需要满足设计对混凝土造型、观感的要求。

　　② 电梯井筒内模，宜选用铰接式筒形大模板。核心筒宜采用爬升模板。

　　③ 梁、板模板，宜选用钢框胶合板、组合钢模板或不带框胶合板等，可以采用整体或分片预制安装。

　　④ 楼板模板，可以选用飞模（台模、桌模）、密肋楼板模壳、永久性模板等。

　　⑤ 墙体宜选用大模板、滑动模板、爬升模板等模板施工。

　　⑥ 柱模宜采用定型模板。圆柱模板可以采用玻璃钢或钢板成型。

1.1.4　模板的结构与体系

　　模板的结构与体系术语解读见表1-3。模板的体系如图1-5所示。

模板的结构
与体系

扫一扫

表1-3 模板的结构与体系术语解读

名称	解释
背楞	承受模板传递荷载的水平构件
钢支撑	承受模板竖向荷载的支撑构件
连接件	面板与楞梁的连接、面板自身的拼接、支架结构自身的连接和其中两者相互间连接所用的一种零配件。常见的连接件包括扣件、螺栓、卡销、卡具、拉杆等
面板	面板就是直接接触新浇混凝土的承力板，包括拼装的板、加肋楞带板。面板的种类有钢、木、胶合板、塑料板等
模板	模板就是直接接触新浇混凝土的一种承力板
模板体系	模板体系一般是由面板、支架、连接件等部分组成的
配模	配模就是在施工设计中所包括的模板排列图、连接件布置图、支承件布置图、细部结构图、异形模板图、特殊部位详图等
小梁	小梁又叫做次楞、次梁。小梁就是直接支承面板的小型楞梁
早拆模板体系	早拆模板体系就是在模板支架立柱的顶端，采用柱头的特殊构造装置来保证国家现行标准所规定的拆模原则下，达到早期拆除部分模板的体系
支架	支架就是支撑面板用的楞梁、立柱、斜撑、剪刀撑、连接件、水平拉条等构件的总称
支架立柱	支架立柱又叫做立柱、支撑柱。支架立柱就是直接支承主楞的受压结构构件
主梁	主梁又叫做主楞。主梁就是直接支承小楞的结构构件，其一般由钢、木梁、钢桁架组成

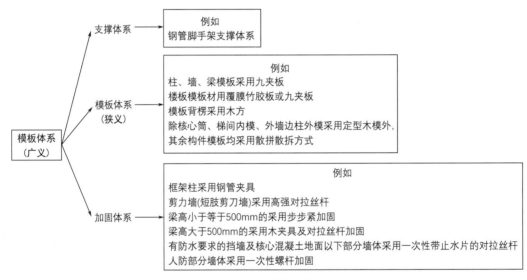

图1-5 模板的体系

现浇混凝土结构工程施工用的建筑模板体系图例如图1-6所示，其主要由面板、支架、连接件等部分组成。

干货与提示

混凝土结构高层建筑现浇楼板模板，宜采用早拆模板体系。后浇带应与其两侧梁、板结构的模板及支架分开设置。混凝土结构高层建筑大模板板面，可以采用整块薄钢板，也可以选用钢框胶合板或加边框的钢板、胶合板拼装。挂装三角架支承上层外模荷载时，现浇外墙混凝土强度需要达到7.5MPa。大模板拆除、吊运时，严禁挤撞墙体。

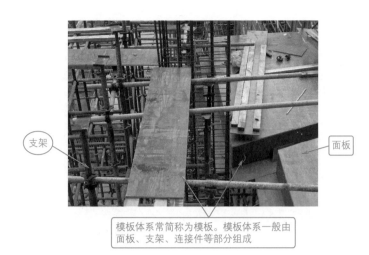

支架

面板

模板体系常简称为模板。模板体系一般由
面板、支架、连接件等部分组成

图1-6　现浇混凝土结构工程施工用的建筑模板体系图例

1.2　木模板材料与配件

1.2.1　木材概述与基础知识

　　一些木材，可以作为模板使用，有的木材，则不宜作为模板使用，这与木材的类型和特点有关。实木的特点如图1-7所示。工业与民用建筑中所用的木材，主要取自树木的树干部分。

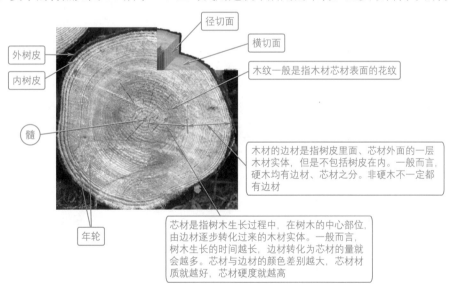

径切面

横切面

外树皮

内树皮

木纹一般是指木材芯材表面的花纹

髓

木材的边材是指树皮里面、芯材外面的一层
木材实体，但是不包括树皮在内。一般而言，
硬木均有边材、芯材之分。非硬木不一定都
有边材

年轮

芯材是指树木生长过程中，在树木的中心部位，
由边材逐步转化过来的木材实体。一般而言，
树木生长的时间越长，边材转化为芯材的量就
会越多。芯材与边材的颜色差别越大，芯材材
质就越好，芯材硬度就越高

图1-7　实木的特点

干货与提示

　　边材与芯材的关系，是衡量木材材质的一项指标。一般而言，有芯材与边材区分的木材，总要优于没有芯材与边材区分的木材。边材与芯材色差越大的木材，则芯材材质越好。

1.2.2　木材的分类

木材是植物的木质化组织。建筑木材是指用于工业与民用建筑的木制材料。

树木，可以分为针叶树和阔叶树。针叶树具有纹理直、木质较软、易加工、变形小等特点。大部分阔叶树具有质密、木质较硬、加工较难、易翘裂、纹理美观等特点。

针叶树的树叶细长如针，多为常绿树，又叫做软材。落叶松、云杉、冷杉、红松、杉木、柏木等，属于针叶树。

阔叶树的树叶宽大，叶脉呈网状，大部分为落叶树，又叫做硬材。水曲柳、青冈、柚木、樟木、色木等，属于阔叶树。

建筑用木材，一般是以原木、板材、枋材等型材供应。原木，是指去枝、去皮、去根后根据规格加工成一定长度的木料。原木包括直接使用的原木和加工过的原木。板材，是指宽度为厚度的三倍或三倍以上的型材。枋材，就是宽度不足三倍厚度的型材。

根据木材的缺陷情况，商品木材分为一、二、三、四等。结构、装饰用木材一般选用等级较高的品种。

干货与提示

木质建筑模板所使用的主要树种有桉木、杨木等。

1.2.3　建筑对木模板的要求

建筑对木模板的一些要求如下。

① 用于模板结构或构件的树种，应根据各地区实际情况选择质量好的材料，不得使用有腐朽、霉变、虫蛀、折裂、枯节的木材做模板，如图1-8所示。

不得使用有枯节的木材做模板

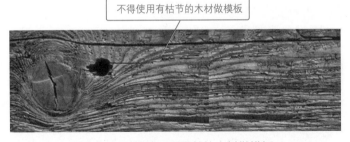

图1-8　不得使用质量差的木材做模板

② 模板结构设计，应根据受力种类或用途选用相应的木材材质等级，具体见表1-4。

表1-4　模板结构或构件的木材材质等级

主要用途	材质等级
受拉或拉弯构件	Ⅰ a
受弯或压弯构件	Ⅱ a
受压构件	Ⅲ a

③ 用于模板体系的原木、枋材、板材，可以采用目测法分级。选择的材料不得利用商品材的等级标准替代。

④ 用于模板结构或构件的木材，重要的木制连接件，应选择细密、直纹、无节、无其他缺陷的耐腐蚀的硬质阔叶材。主要承重构件，则应选用针叶材。

⑤ 采用不常用树种木材做模板体系中的主梁、次梁、支架立柱等的承重结构或构件时，可以根据有关标准和要求进行设计。

⑥ 对速生林材，需要进行防腐、防虫处理。

⑦ 需要对模板结构或构件木材的强度进行测试验证时，可以根据有关标准和要求进行。

⑧ 建筑施工模板工程中使用进口木材时，需要符合如图1-9所示的规定。

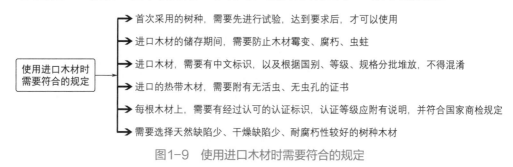

图1-9　使用进口木材时需要符合的规定

⑨ 施工现场制作的木构件，其木材含水率需要符合的规定如图1-10所示。

图1-10　施工现场制作的木构件的木材含水率需要符合的规定

⑩ 木材材质标准，需要符合现行国家标准《木结构设计标准》（GB 50005—2017）等规定。

⑪ 有的建筑对木模板的要求如图1-11所示。

图1-11　有的建筑对木模板的要求

干货与提示

木模板、支撑系统不得选用脆性、严重扭曲、受潮变形的木材。建筑基础模板常采用松木板、杨木板、桉木板。柱模板、楼层模板常采用机制木模板（九夹板），模板厚度一般为 12mm。主体梁底模板常采用松木板，底模板一般厚度为 40mm。支撑系统一般采用杉原木，小头直径一般不小于 70mm，拉接常采用 400mm×500mm 等规格的小方木。

1.2.4 混凝土模板用胶合板的分类与要求

（1）分类

混凝土模板用胶合板，就是能够通过煮沸试验，用作混凝土成型模具的胶合板。混凝土模板用胶合板的用材树种有马尾松、落叶松、新西兰松、云南松、杨树、柳安、克隆木、桦树、木荷、枫香、拟赤杨等。混凝土模板用胶合板的面板树种为该胶合板树种。

根据表面处理，模板用胶合板的分类如图 1-12 所示。

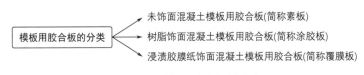

图1-12　模板用胶合板的分类

（2）要求

混凝土模板用胶合板的结构要求如下。

① 板的层数应不小于 7 层。

② 板中不得留有影响使用的夹杂物。

③ 表板厚度应不小于 1.2mm，覆膜板表板厚度应不小于 0.8mm。

④ 拼缝用的无孔胶纸带不得用于胶合板内部。

⑤ 同一层表板应为同一树种，表板需要紧面朝外。表板、芯板不应采用未经斜面胶接或指形拼接的端接。

⑥ 相邻两层单板的木纹应互相垂直。中心层两侧对称层的单板应为同一树种或物理性能相似的树种，并且厚度要相同。

⑦ 使用胶黏剂的要求如图 1-13 所示。

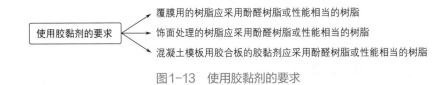

图1-13　使用胶黏剂的要求

⑧ 混凝土模板用胶合板的幅面尺寸、厚度需要符合表 1-5 的规定。

⑨ 混凝土模板用胶合板的厚度偏差要求见表 1-6。其他尺寸偏差要求见表 1-7。

表1-5　混凝土模板用胶合板的幅面尺寸、厚度要求　　　　　单位：mm

幅面尺寸				厚度范围 t
模数制		非模数制		
宽度	长度	宽度	长度	
—	—	915	1830	$12 \leqslant t < 15$ $15 \leqslant t < 18$ $18 \leqslant t < 21$ $21 \leqslant t < 24$
900	1800	1220	1880	
1000	2000	915	2135	
1200	2400	1220	2440	
—	—	1250	2500	

注：其他规格尺寸由供需双方协商。

表1-6　混凝土模板用胶合板的厚度偏差要求　　　　　单位：mm

公称厚度范围 t	板内厚度公差	公称厚度偏差
$12 \leqslant t < 15$	0.8	±0.5
$15 \leqslant t < 18$	1	±0.6
$18 \leqslant t < 21$	1.2	±0.7
$21 \leqslant t < 24$	1.4	±0.8

表1-7　其他尺寸偏差要求

项目	要求
长度和宽度偏差	模数制混凝土模板用胶合板：-3～0mm 非模数制混凝土模板用胶合板：±2mm
垂直度	不大于0.8mm/m
边缘直度	不大于1mm/m
平整度	不大于20mm

1.2.5　竹、木胶合模板的特点与要求

（1）特点

胶合板模板，可以分为木胶合板和竹胶合板。其中，木胶合板就是由木段旋切成单板或由木方刨切成薄木，然后用胶黏剂胶合而成的三层或多层板状材料。木胶合板，通常是用奇数层单板，并且使相邻层单板的纤维方向互相垂直胶合而成。

竹胶合板，一般由竹席、竹帘、竹片等多种组坯结构，与木单板等其他材料复合而成，专用于混凝土施工。

胶合板模板的优点如图1-14所示。

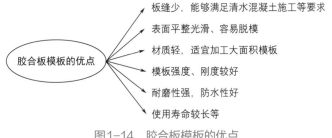

图1-14　胶合板模板的优点

（2）要求

竹、木胶合模板板材的一些要求如下。

① 胶合模板板材表面需要平整光滑，具有防水、耐磨、耐酸碱的保护膜，并且具有保温性能好、易脱模、可两面使用等特点。

② 胶合模板板材厚度一般不应小于 12mm，并且符合《混凝土模板用胶合板》（GB/T 17656—2018）等现行标准规定。

③ 胶合模板各层板的原材含水率，不应大于 15%，并且同一胶合模板各层原材间的含水率差别一般不应大于 5%。

④ 胶合模板，需要采用耐水胶，并且胶合强度不应低于木材、竹材顺纹抗剪、横纹抗拉的强度，以及符合环境保护的要求。

⑤ 进场的胶合模板，需要具有出厂质量合格证，保证外观、尺寸合格等要求。

⑥ 竹胶合模板技术性能需要符合的有关规定见表 1-8。

表1-8　竹胶合模板技术性能需要符合的有关规定

项目		平均值	参考公式	解释
静曲强度 σ/MPa	三层	113.3	$\sigma = \dfrac{3PL}{2bh^2}$	式中　P——破坏荷载； 　　　L——支座距离（参考取 240mm）； 　　　b——试件宽度（参考取 20mm）； 　　　h——试件厚度（胶合模板 h=15mm）
	五层	105.5		
弹性模量 E/MPa	三层	10584	$E = \dfrac{4\Delta PL^5}{\Delta fbh^3}$ 三层：$\dfrac{\Delta P}{\Delta f} = 211.6$ 五层：$\dfrac{\Delta P}{\Delta f} = 197.7$	式中　L——支座距离（参考取 240mm）； 　　　b——试件宽度（参考取 20mm）； 　　　h——试件厚度（胶合模板 h=15mm）
	五层	9898		
冲击强度 A/(J/cm²)	三层	8.3	$A = \dfrac{Q}{bh}$	式中　Q——折损耗功； 　　　b——试件宽度； 　　　h——试件厚度
	五层	7.95		
胶合强度 τ/MPa	三层	3.52	$\tau = \dfrac{P}{bl}$	式中　P——剪切破坏荷载，N； 　　　b——剪切面宽度（参考取 20mm）； 　　　l——切面长度（参考取 28mm）
	五层	5.03		
握钉力 M/(N/mm)		241.1	$M = \dfrac{p}{h}$	式中　P——破坏荷载，N； 　　　h——试件厚度，mm

⑦ 常用木胶合模板的厚度宜为 12mm、15mm、18mm，其技术性能需要符合有关规定，具体如图 1-15 所示。

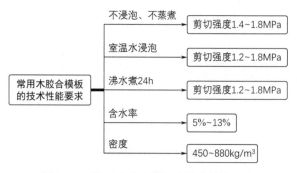

图1-15　常用木胶合模板的技术性能要求

⑧ 常用复合纤维模板的厚度宜为 12mm、15mm、18mm，其技术性能需要符合有关规定，具体如图 1-16 所示。

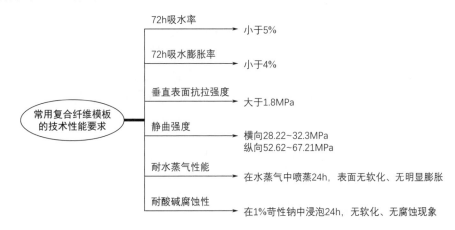

图1-16　常用复合纤维模板的技术性能要求

干货与提示

隔离剂的主要作用是为了帮助模板顺利脱模，以及保护混凝土结构表面质量，增加模板的周转使用次数，降低工程成本等。建筑模板涂刷隔离剂时，需要选取不影响结构、不妨碍装饰装修工程施工的油性隔离剂。另外，由于隔离剂会污染钢筋与混凝土接槎处，可能对混凝土结构受力性能造成不利影响。为此，需要避免涂刷时污染钢筋。

1.2.6　钢框木（竹）胶合板

钢框木（竹）胶合板模板，就是以热轧异型钢为钢框架，以覆面胶合板为板面，以及加焊若干钢肋承托面板的一种组合式模板。钢框木（竹）胶合板模板的面板，有木胶合板、竹胶合板、单片木面竹芯胶合板等类型。

钢框木（竹）胶合板模板，板面施加的覆面层有热压三聚氰胺浸渍纸、热压薄膜、热压浸涂、涂料等类型。

钢框木（竹）胶合板模板，有 55、63、70、75、78、90 等系列（主要是以钢框高为依据），其支承系统各具特色。

钢框木（竹）胶合板的规格长度，最长大约 2400mm，最宽大约 1200mm。钢框木（竹）胶合板，常见的长度有 900mm、1200mm、1500mm、1800mm、2400mm 等，常见的宽度有 300mm、450mm、600mm、750mm 等。宽度为 100mm、150mm、200mm 的窄条，一般配以组合钢模板。

竹胶合板块，简称为竹胶板，其具有幅面宽、拼缝少、易脱模、板材可正反两面使用等特点。竹胶合板块分为细帘竹胶合板和厚帘竹胶合板。竹胶合板块如图 1-17 所示。

与钢框木（竹）胶合板块配合使用的定型钢角模中的阴角模规格有 150mm×150mm×900mm（1200mm、1500mm、1800mm）；阳角模规格有 150mm×150mm×900mm（1200mm、

1500mm、1800mm）；可调阴角模规格有 250mm×250mm×900mm（1200mm、1500mm、1800mm）。另外，还有 T 形可调模板、L 形可调模板、连接角模等配件。

图1-17　竹胶合板块

与钢框木（竹）胶合板块配合使用的连接附件，常见的有 L 形插销、穿墙螺栓、U 形卡、扣件、紧固螺栓、钩头螺栓、防水穿墙拉杆螺栓、柱模定型箍等。

1.2.7　木方的规格与特点

木方，被誉为建筑加固领域界的"老手"，施工场地的"常客"，可见木方的应用具有广泛性。

扫一扫

木方的规格与特点

木方，也叫做方木，是将木材根据实际加工需要锯切成一定规格形状的方形条木。木方在装修、门窗材料、结构施工模板支撑、屋架用材、木制家具等领域均有应用。木方材质主要有椴木、松木、杉木等树木加工而成的木条。

木方的规格与特点如下。

① 30mm×50mm 木方，其主要用于吊棚、装修内部结构。

② 60mm×90mm 木方，其主要用于制作家具一类的产品。

③ 120mm×40mm 木方，即门边方，其常用于做门的骨架。

④ 模板中采用的木方尺寸有 30mm×70mm、32mm×82mm、35mm×85mm、37mm×87mm、38mm×88mm、40mm×60mm、40mm×70mm、40mm×80mm、40mm×90mm、44mm×64mm、45mm×60mm、50mm×100mm、50mm×70mm、60mm×60mm 等。长度有 2m、2.1m、2.5m、3m、4m 等规格。

⑤ 建筑用的工程木方尺寸有 40mm×75mm×4000mm、45mm×90mm×4000mm、50mm×100mm×4000mm 等。厚度一般为 40~50mm，宽度一般为 75~100mm，长度基本为 4m。

⑥ 工程枕木一般尺寸有 100mm×100mm、200mm×200mm、300mm×300mm、400mm×400mm 等，长度有 2.5m、3m、4m。

模板木方如图 1-18 所示。建筑模板木方一般需要两面刨平。常见矩形（正方形）木楞的力学性能见表 1-9。

表1-9　常见矩形（正方形）木楞的力学性能

规格/mm×mm	截面积/mm²	重量/（N/m）	截面惯性矩/cm⁴	截面最小抵抗矩/cm³
50×100 矩形木楞	5000	30	416.67	83.33
60×90 矩形木楞	5400	32.4	364.5	81
80×80 正方形木楞	6400	38.4	341.33	85.33
100×100 正方形木楞	10000	60	833.33	166.67

图1-18　模板木方

建筑木方存放的方法见表1-10。

表1-10　建筑木方存放的方法

方法	解释
干存法	（1）干存法就是使建筑木方的含水率在短期内尽快降到25%以下，达到抑制菌、虫生长繁殖与侵害的目的 （2）适于干存法的原木含水率一般在80%以下，并且尽可能剥去树皮 （3）干存法场地一般以水泥地面为佳，或煤屑、碎石铺平压实的场地，以防止潮湿或杂草丛生 （4）干存法场地，一般应选择地势较高、地位空旷、通风良好的地方
湿存法	（1）湿存法就是使原木边材保持较高的含水率，以避免虫害、开裂等现象的发生 （2）楞堆的结构应尽量紧密，且尽量堆成大楞 （3）湿存法保存的原木，一般应具有完整的树皮，或树皮损伤不超过1/3 （4）湿存法适用于新伐材、水运材，原木边材含水率通常高于80% （5）已气干、已受菌、已虫害的原木，以及易开裂、湿霉严重的阔叶树材原木不能采用湿存法 （6）易遭白蚁危害的地区，不宜采用湿存法
水存法	（1）原木水存保管，就是将原木浸入水中，以保持木材高含水率 （2）水存法是指利用流速缓慢的河湾、湖泊、水库，以及制材车间旁的贮水池等来贮存原木的方法 （3）水存法有水浸楞堆法、多层木排水浸法等

建筑木方模板的验收方法见表1-11。

表1-11　建筑木方模板的验收方法

方法	解释
查木方质量等级	一般的建筑木方分为通货、精品、全精品等级，每种等级建筑木方对应的单价不同。验收木方前，可以核查其等级
抖动法	对于一些成品小木方，可以从一端用力抖动。如果质量不合格，则容易从中间一分为二断开
检查模板尺寸判断偏差	检查模板尺寸，然后根据其允许偏差来判断是否质量合格
看木方表面质量	（1）如果木方表面存在明显裂痕、虫眼、死结、严重变色等情况，则说明该批木方质量有问题 （2）将木方竖起来观察其平整度，如果弯曲程度不超过15cm，则认为属于正常加工偏差。如果超过该标准，则根据实际长度来判断：一般4m长的木方，弯曲程度不超过15cm；长度3m的木方，如果弯曲度超过10cm，则认为其为不合格
量木方尺寸判断误差	常规木方的宽度与厚度的尺寸误差在±3mm以内，如果大于±3mm，则认为其不合格
敲打木方听声音	将建筑木方一端斜放在墙上，另一端放到地面上，再用手敲击木方。如果听到清脆的声音，则说明该木方质量好；如果听到比较低沉的声音，则说明该木方质量差

续表

方法	解释
敲钉法	可以用长钉试着钉入木方内，如果很容易钉入，则说明木方比较干燥；如果不容易钉入，则说明木方湿度比较大
手掂木方重量法	木方的含水量在8%～12%为正常。用手掂量木方的重量，含水量大的木方肯定要重一些
手摸木方法	把手放在木方的上面，通过感受其潮湿程度来判断其质量
眼观法	从头到尾观察木方，看一共有多少个节疤。另外，如果节疤显黑色，则说明该木方安装时易断

干货与提示

　　传统"木方＋圆管"模板加固工具，被誉为建筑加固领域界的"老手"，其由圆管、木方、顶丝、步步紧、穿墙螺栓、扣件、螺柱、螺母、钉子等组合而成。

　　"钢代木"新型模板加固体系，被誉为建筑加固领域界的"新手"，其由主龙骨、钢木龙骨、墙头横担、连接件等组合而成。

1.3　塑料模板

1.3.1　塑料模板的分类

　　塑料模板是通过高温（200℃）挤压而成的一种复合材料。塑料模板是继木模板、组合钢模板、竹木胶合模板、全钢大模板之后的又一种新型模板。

　　塑料模板的分类如图1-19所示。

1.3.2　塑料模板的特性代码

　　塑料模板的特性代码见表1-12。

1.3.3　塑料模板的规格

　　塑料模板的规格见表1-13～表1-15。

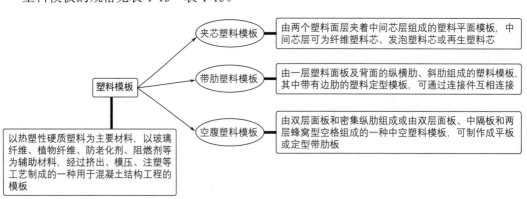

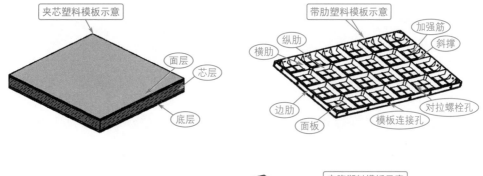

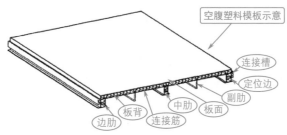

图1-19　塑料模板的分类

表1-12　塑料模板的特性代码

分类	特性代号	结构特性
空腹塑料模板	K	双面板和纵肋组成空腹塑料板
		边肋空腹塑料板
		双面板中隔板和蜂窝塑料板
夹芯塑料模板	J	塑料面层，纤维塑料芯、发泡塑料芯、再生塑料芯
带肋塑料模板	D	密肋塑料板
		有边肋和主、次肋塑料板

表1-13　空腹塑料模板规格　　　　　　　　　　　单位：mm

模板厚度	单层面板厚度	空腹平板		空腹带肋板	
		宽度	长度	宽度	长度
12、15、18、40、45、55、65	3、4、5	600、900、1000、1200	1800、2000、2400、3000	100、150、200、250、300、450、500、600	1800、2000、2400、3000

表1-14　带肋塑料模板规格　　　　　　　　　　　单位：mm

结构特性	模板厚度	面板厚度	宽度	长度
密肋塑料模板	12、15、18、35、40、45、50	4、5、6	900、1000、1200	1800、2000、2400
有边肋和主、次肋塑料模板	55、60、70、80、100	4、5、6	55、100、150、200、250、300、350、400、450、500、550、600、900	300、600、900、1200、1500、1800

表1-15 夹芯塑料模板规格 单位：mm

公称厚度	宽度	长度
6、8、10、12、15、18、20	900、1000、1200	1800、2000、2400

1.3.4 塑料模板的允许偏差

塑料模板的允许偏差如图1-20所示。

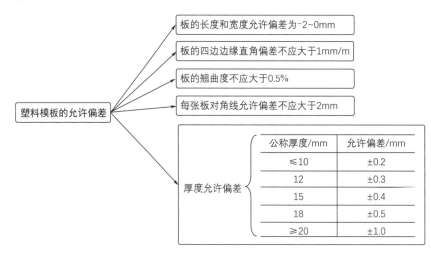

图1-20 塑料模板的允许偏差

1.4 钢材

1.4.1 模板钢材的要求

图1-21 模板支架材料也宜优先选用钢材

为了保证模板结构的承载能力，防止在一定条件下出现脆性破坏，需要根据模板体系的重要性、荷载特征、连接方法等实际情况，选择适合的钢材型号、材性。

模板结构，宜选择Q235钢、Q345钢。模板支架材料也宜优先选用钢材，如图1-21所示。

模板所用的钢材，均需要符合相对应的现行国家标准。另外，焊条、扣件、螺栓等配件也需要符合相对应的现行国家标准。

结构工作温度不高于 −20℃ 时，对 Q235 钢、Q345 钢应具有 0℃ 冲击韧性的合格保证。对 Q390 钢、Q420 钢，应具有 −20℃ 冲击韧性的合格保证。

承重结构采用的钢材，需要具有抗拉强度、伸长率、屈服强度、硫磷含量合格的保证。

焊接的承重结构与重要的非焊接承重结构采用的钢材，还需要具有冷弯试验合格的保证。

扫一扫

模板钢材的要求

不应采用 Q235 沸腾钢的模板承重结构、构件的情况如下。

① 工作温度等于或低于 –30℃的所有承重结构、构件。

② 工作温度低于 –20℃的承受静力荷载的受弯、受拉的承重结构或构件。

1.4.2　冷弯薄壁型钢的要求

用于承重模板结构的冷弯薄壁型钢的带钢或钢板，需要符合 Q235 钢、Q345 钢的有关现行国家标准的要求。

用于承重模板结构的冷弯薄壁型钢的带钢或钢板，需要具有抗拉强度、伸长率、屈服强度、冷弯试验、硫磷含量合格的保证。对焊接结构还应具有碳含量合格的保证。

手工焊接用的焊条，需要符合现行国家标准《非合金钢及细晶粒钢焊条》（GB/T 5117—2012）或《热强钢焊条》（GB/T 5118—2012）等有关规定。另外，选择的焊条型号，需要与主体结构金属力学性能相适应。Q235 钢与 Q345 钢相焊接时，宜采用与 Q235 钢相适应的焊条。

普通螺栓、自攻螺钉等连接件及连接材料，也需要符合相应的现行标准的规定和要求。

冷弯薄壁型钢模板结构设计图和材料文件中，一般需要注明所采用的钢材牌号、连接材料型号、质量等级、供货条件等。必要时，注明对钢材所要求的力学性能、化学成分的附加保证项目。

1.4.3　铝合金型材的要求

扫一扫

铝合金型材的要求

建筑模板结构、构件采用铝合金型材时，一般需要采用纯铝加入锰、镁等合金元素构成的一类铝合金型材，并且需要符合铝及铝合金型材等相关现行标准的规定和要求。铝合金型材如图 1-22 所示。

图1-22　铝合金型材

铝合金型材的力学性能需要符合的要求见表 1-16。

表1-16   铝合金型材的力学性能需要符合的要求

牌 号	材料状态	壁厚/mm	抗拉极限强度/MPa	屈服强度/MPa	伸长率/%	弹性模量/MPa
LD$_2$	C$_Z$	所有尺寸	≥180	—	≥14	1.83×10^5
	C$_S$		≥280	≥210	≥12	
LY$_{11}$	C$_Z$	≤10	≥360	≥220	≥12	1.83×10^5
	C$_S$	10.1～20	≥380	≥230	≥12	
LY$_{12}$	C$_Z$	＜5	≥400	≥300	≥10	2.14×10^5
		5.1～10	≥420	≥300	≥10	
		10.1～20	≥430	≥310	≥10	
LC$_4$	C$_S$	≤10	≥510	≥440	≥6	2.14×10^5
		10.1～20	≥540	≥450	≥6	

注：C$_Z$表示淬火（自然时效）材料状态代号；C$_S$表示淬火（人工时效）材料状态代号。

铝合金型材的横向、高向力学性能需要符合的规定要求见表1-17。

表1-17   铝合金型材的横向、高向力学性能需要符合的规定要求

牌 号	材料状态	取样部位	屈服强度/MPa	伸长率/%	抗拉极限强度/MPa
LC$_4$	C$_S$	横向	—	≥4	≥500
		高向	—	≥3	≥480
LY$_{12}$	C$_Z$	横向	≥290	≥6	≥400
		高向	≥290	≥4	≥350

注：C$_Z$表示淬火（自然时效）材料状态代号；C$_S$表示淬火（人工时效）材料状态代号。

1.4.4   防松装置的防松特点

防松装置，就是防止松动的装置。防松装置的类型有摩擦防松、铆冲防松、结构防松等类型。常见的螺母机械防松装置如图1-23所示。

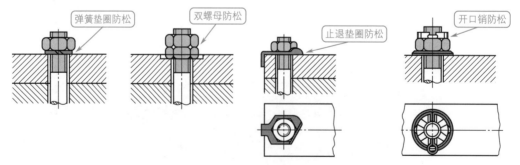

图1-23   常见的螺母机械防松装置

1.4.5   步步紧的规格与应用

模板传统的固定方法，一般常用的材料有8号铁丝、钢筋弯制的圈套、木撑杆、角钢、钢管焊制的固定式卡具、可调式卡具等。有的传统方法所采用的材料，往往需要使用大量的钉子，具有易损坏木材、需要租赁大量的钢管扣件等缺点。

步步紧的规格
与应用

扫一扫

步步紧是一种新型建筑用具，使用方法快捷，能节省工作时间，提高工作效率。步步紧可以取代传统的铁丝捆绑法、螺杆丝杠法、固圈加塞法等固定法（件）。

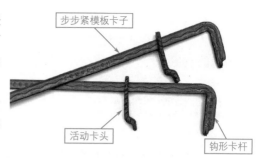

图1-24 步步紧

步步紧又叫做镰刀卡、扒钩、火钩、步步紧模板卡等。步步紧一般由钩形卡杆、活动卡头等部分组成，如图1-24所示。钩形卡杆，一般采用扁钢材质，其厚度有5mm、6mm等，宽度常见的有2.8cm、3.5cm等。活动卡头，一般是用轨道钢经烘炉锻制而成的。卡杆、卡头做好后，即可穿在一起使用。步步紧一般采用Q345钢制作。

步步紧的质量：70cm的质量有大约1.2kg、大约1.3kg等规格；80cm的质量有大约1.3kg、大约1.5kg等规格；90cm的质量有大约1.9kg等规格。

不同工程中具体部位，采用步步紧的长度不同，参考如下。

① 60cm步步紧适用于圈梁的加固，一般是宽度30cm以下的圈梁加固。

② 70cm步步紧适用于砖混、框架结构中宽度为30～35cm构造柱的加固。

③ 80cm步步紧适用于砖混、框架结构中宽度为40～45cm构造柱的加固。

④ 90cm步步紧适用于砖混、框架结构中宽度为50～55cm柱子的加固。

⑤ 100cm步步紧适用于砖混、框架结构中宽度为60～65cm柱子的加固。

⑥ 110cm步步紧适用于厂房、高层建筑的框架结构中宽度为70cm柱子的加固。

⑦ 120cm步步紧适用于厂房、高层建筑的框架结构中宽度为75～80cm柱子的加固。

对于构造柱，步步紧之间参考间距如下。

① 宽度为30～45cm的柱子，步步紧之间参考间距大约为40cm。

② 宽度为50～55cm、1.5m高以上的柱子，步步紧之间参考间距大约为30cm。

③ 宽度为50～55cm、1.5m高以下的柱子，步步紧之间参考间距大约为40cm。

④ 宽度为60～65cm的柱子，步步紧之间参考间距大约为30cm。

⑤ 宽度为65cm以上的柱子，一般需要卡子加密法或者扣件综合利用法，具体见表1-18。

表1-18 宽度为65cm以上柱子的扣紧方法

方法	解释
卡子加密法	（1）高度为1.5m以下的柱子，步步紧之间参考间距可以调整为大约20cm （2）高度为1.5m以上的柱子，步步紧之间参考间距可以调整为大约15cm （3）特别需要注意柱子底部的加密加固
扣件综合利用法	（1）步步紧+钢管综合利用 （2）步步紧+蝴蝶扣综合利用 （3）步步紧+螺杆综合利用 （4）步步紧+三角铁扣件综合利用

使用步步紧时，可以将卡杆有钩的一头钩住一侧模板木方，随后用小锤向卡杆有钩端敲击活动卡头下部，直到卡紧。活动卡头孔洞与卡杆之间缝隙很小，具有自锁能力，并且可以抵抗模板受力后所产生的胀力。

拆除步步紧时，可以用小锤向卡杆无钩端敲击活动卡头下部，利用震动、小锤的冲击，即可弹性松动，这样就可以摘下步步紧。拆除时，不得用蛮力敲击卡具，以防步步紧越敲越紧。步步紧拆除后，需要集中在指定地点堆放，并且要进行防潮处理，以防锈蚀。

步步紧活动卡头一端一般配合木方使用，不得与较硬材料配合使用，以防卡具不能卡紧。步步紧模板卡具支设完毕后，不得在卡具上面踩踏，以防止卡具松动引发事故、胀模等情况的发生。

> **干货与提示**
>
> 步步紧长度规格的选择计算方法如下：构造柱边长＋两边模板厚度＋两边方木厚度＝初步的步步紧长度规格。初步的步步紧长度规格根据靠上规格取。40cm 以下的柱子，可以不采用方木，而采用直接加固方式。
>
> 例如，50cm 的构造柱＋模板厚度 5cm（一边各 2.5cm）＋方木厚度 30cm（一边各 15cm）=85cm，则选择 90cm 的步步紧。

1.4.6　方柱扣的特点、规格

方柱扣又叫做方圆扣、方柱卡扣，如图 1-25 所示。方柱扣可以实现方柱柱体的快速支模。方柱扣无须穿墙丝等，因此，脱模后柱体表面光滑，无须进行修整与二次抹灰等施工，可以实现一次成型。

扫一扫
方柱扣的特点、规格

方柱扣的加固构造是通过控制四个夹具的空心槽来控制方柱的尺寸，然后使用楔形工具插入空心槽，将空心槽末端夹具的形状与楔形工具一起进行加固。方柱扣的四个夹具相互咬合，形成方柱模板的水平整体加强件。

方柱扣

图1-25　方柱扣

方柱扣加固件规格一般为 250～4200mm，材质有 8#、10# 钢等。根据方柱加固件的尺寸有不同的厚度和重量。

方柱扣参考尺寸见表 1-19。

表1-19　方柱扣参考尺寸

卡箍规格/mm	400～600	500～800		700～1000	900～1200	1100～1400	1300～1600	1500～1800	1900～2100	2200～2500	2500～3000
钢材型号	8# 钢	8# 钢	10# 钢	10# 钢	10# 钢	10# 钢	10# 钢	10# 钢	10# 钢	10# 钢	10# 钢
总长/mm	1161	1361		1647	1847	2047	2247	2447	2747	3160（侧板 1900）	3660（侧板 3800）

　　方柱扣的安装过程：方柱扣的准备→方柱测量线、定位→方木刨、模板切割→方木与模板组合→模板、钢筋就位→模板夹紧→方柱扣加固、安装楔形工具、接合→完成安装→检查→验模板线→浇筑混凝土。

1.4.7　各种型钢钢楞的力学性能

　　钢楞，也就是模板的横档、竖档。钢楞，可以分内钢楞、外钢楞。各种型钢钢楞的力学性能见表1-20。

表1-20　各种型钢钢楞的力学性能

规格/mm		截面面积/mm²	截面最小抵抗矩/cm³	截面惯性矩/cm⁴	重量/（N/m）
扁钢	—70×5	350	14.29	27.5	4.08
角钢	∟75×25×3	291	17.17	22.8	3.76
	∟80×35×3	330	22.49	25.9	4.17
钢管	φ48×3	424	10.78	33.3	4.49
	φ48×3.5	489	12.19	38.4	5.08
	φ51×3.5	522	14.81	41	5.81
矩形钢管	□60×40×2.5	457	21.88	35.9	7.29
	□80×40×2	452	37.13	35.5	9.28
	□100×50×3	864	112.12	67.8	22.42
薄壁冷弯槽钢	〔80×40×3	450	43.92	35.3	10.98
	〔100×50×3	570	88.52	44.7	12.2
内卷边槽钢	〔80×40×15×3	508	48.92	39.9	12.23
	〔100×50×20×3	658	100.28	51.6	20.06
槽钢	〔80×43×5	1024	101.3	80.4	25.3

1.4.8　支柱、立柱的规格与力学性能

　　CH、YJ型钢管支柱规格见表1-21。CH、YJ型钢管支柱力学性能见表1-22。

表1-21　CH、YJ型钢管支柱规格

项目		CH			YJ		
		CH-65	CH-75	CH-90	YJ-18	YJ-22	YJ-27
最小使用长度/mm		1812	2212	2712	1820	2220	2720
最大使用长度/mm		3062	3462	3962	3090	3490	3990
调节范围/mm		1250	1250	1250	1270	1270	1270
螺旋调节范围/mm		170	170	170	70	70	70
容许荷载	最小长度时/kN	20	20	20	20	20	20
	最大长度时/kN	15	15	12	15	15	12
重量/kN		0.124	0.132	0.148	0.1387	0.1499	0.1639

　　注：下套管长度应大于钢管总长的1/2以上。

表1-22　CH、YJ型钢管支柱力学性能

项目		直径/mm		壁厚/mm	截面面积/mm²	惯性矩/mm⁴	回转半径/mm
		外径	内径				
CH	插管	48.6	43.8	2.4	348	93200	16.4
	套管	60.5	55.7	2.4	438	185100	20.6
YJ	插管	48	43	2.5	357	92800	16.1
	套管	60	55.4	2.3	417	173800	20.4

钢管立柱（支柱）如图1-26所示。

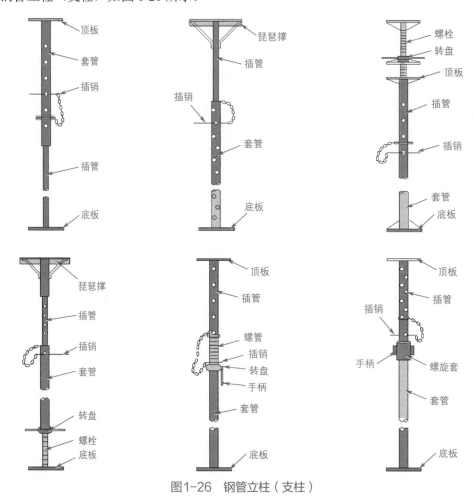

图1-26　钢管立柱（支柱）

模板结构构件的长细比要求如下。

① 受拉构件长细比：木杆件不应大于250；钢杆件不应大于350。

② 受压构件长细比：拉条、缀条、斜撑等连系构件不应大于200；支架立柱、桁架不应大于150。

1.5　模板的施工准备与要求

1.5.1　模板作业准备

模板作业准备如下。

① 必须穿工作服进行作业。

② 系好安全带，戴好安全帽。

③ 穿好劳保鞋。

④ 把安全带挂在肩上或放入工具袋中，保持随时能使用的状态。

⑤ 吊运模板用的板材时，需要注意周围是否存在电线等物体，注意安全间距与安全要求。

⑥ 应设置专门看守人员。

⑦ 起重机挂钩上应增设防滑装置。

⑧ 用栏杆等标示出禁止入内的范围。

⑨ 吊件系挂丝索时，要朝向同一方向。

⑩ 丝索作业人员要有作业资格证。

⑪ 吊运大块或整体模板时，水平吊运不应少于 4 个吊点，竖向吊运不应少于 2 个吊点。吊运必须使用卡环连接，并且稳起稳落，等模板就位、连接牢固后才能摘除卡环。

⑫ 吊运散装模板时，必须码放整齐，等捆绑牢固后才能够起吊。

⑬ 遇 5 级及以上大风时，要停止一切吊运作业。另外，严禁起重机在架空输电线路下面工作。

⑭ 操作圆盘锯床电源，需要标明电线的去向。

⑮ 操作圆盘锯床电源开关，需要放进分电箱内。

⑯ 操作圆盘锯床电源开关时，应戴上胶手套。

⑰ 单股需要挪动的电线，不得放置在路面上。

⑱ 分电箱需要接上地线。

⑲ 根据规定信号进行作业。

⑳ 接入圆盘锯床的电源时，分电箱下不应出现积水情况。

干货与提示

建筑模板卸车后，需要整齐地堆放在平整的地面上。模板板面与地面不可直接接触，需要采用木方将其层层隔开，保持模板通风，遮挡以防日晒雨淋。运输建筑模板时，需要选择有较好遮挡功效的运输工具，或者可以用塑料布、薄毡进行遮覆，以免运输过程中日晒雨淋，引发模板剧烈形变等情况发生。

1.5.2　安全技术准备

模板安装前的一些安全技术准备工作如下。

① 审查模板结构设计与施工说明书中的荷载、计算方法、节点构造、安全措施，设计审批手续要齐全。

② 需要进行全面的安全技术交底。

③ 操作班组、人员，需要熟悉设计、施工说明书以及有关要求。

④ 需要做好模板安装作业的分工准备。

⑤ 采用飞模、爬模、隧道模等特殊模板施工时，所有参加作业人员都应经过专门培训，考核合格后才可以上岗。

⑥ 对模板、配件应进行挑选、检测，不合格的模板、配件要剔除。

⑦ 要备齐相关的安全防护设施、防护器具。

⑧ 模板安装高度超过 3m 时，必须搭设脚手架。除了操作人员外，脚手架下不得站其他人。

1.5.3　材料、机具准备

材料准备包括主材、连接件、隔离剂的类型与具体规格。具体规格包括长度、宽度等相关尺寸或者具体参数。材料需要符合有关质量标准的要求。

常见的模板机具主要有斧子、锯、线锤、靠尺板、扳手、打眼电钻、方尺、铁水平、撬棍等。

1.5.4　模板构造与安装的要求

模板构造与安装的要求如下。

① 模板安装需要根据设计、施工说明顺序拼装。

② 木杆、钢管、门架等支架立柱不得混用。

③ 模板木料应堆放在下风向，离火源不得小于 30m，并且料场四周需要设置灭火器材，如图 1-27 所示。

图1-27　灭火器材

④ 安装模板时，安装所需各种配件应放在工具箱或工具袋内，严禁散放在模板或脚手板上。安装所用工具，要系挂在作业人员身上或置于所携带的工具袋中，不得掉落。

⑤ 竖向模板、支架立柱支承部分安装在基土上时，需要加设垫板，并且垫板要有足够的强度、足够的支承面积、中心承载、支撑在通长垫板上的竖杆受力均匀、垫板的面积足够分散竖杆的压力、竖杆与垫板能够顶紧、垫板符合施工方案的要求等。

⑥ 竖向模板、支架立柱的基土要坚实，并且有排水、防水、预防冻融等措施，以及基土承载力或密实度符合施工方案要求。基土上支模时采取防水、排水措施是指预先考虑并做好的各项准备，而不能仅靠临时采取的应急措施。当支撑面的混凝土实际强度较低时，

为防止楼面混凝土破损，也需要设置垫板。

⑦ 竖向模板、支架立柱的基土为湿陷性黄土时，需要有防水措施。

⑧ 竖向模板、支架立柱的基土，如果是特别结构项目可以采用混凝土、打桩等措施防止支架柱下沉。如果是冻胀性土，则需要采用防冻融措施。

⑨ 满堂或共享空间模板支架立柱高度超过 8m 时，如果地基土达不到承载要求，无法防止立柱下沉，则需要先施工地面下的工程，再分层回填夯实基土，并且浇筑地面混凝土垫层，达到强度后才可以支模。

⑩ 模板与其支架安装中，需要设置有效防倾覆的临时固定设施。

⑪ 如果现浇钢筋混凝土梁、板跨度大于 4m 时，模板要起拱。如果设计无具体要求时，起拱高度宜为全跨长度的 1/1000～3/1000。

⑫ 当层间高度大于 5m 时，应选用桁架支模或钢管立柱支模。当层间高度小于或等于 5m 时，可采用木立柱支模。

⑬ 现浇多层或高层房屋、构筑物时安装上层模板、支架的要求，如图 1-28 所示。

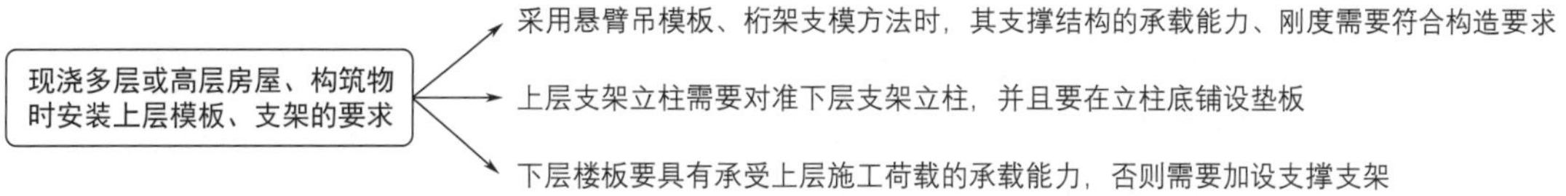

现浇多层或高层房屋、构筑物时安装上层模板、支架的要求	采用悬臂吊模板、桁架支模方法时，其支撑结构的承载能力、刚度需要符合构造要求
	上层支架立柱需要对准下层支架立柱，并且要在立柱底铺设垫板
	下层楼板要具有承受上层施工荷载的承载能力，否则需要加设支撑支架

图1-28 现浇多层或高层房屋、构筑物时安装上层模板、支架的要求

⑭ 模板安装前，对模板及支架材料技术指标，需要进行检查、复核。

⑮ 安装时，需要详细了解支架杆件的间距、各种支撑的设置数量、位置等具体规定要求。

⑯ 后浇带模板的安装，可以采用木模板锯齿口与钢筋吻合的形式，并且应对后浇带的地方进行覆盖处理。

⑰ 后浇带模板需要使用独立的支撑。

⑱ 在土层上直接安装支架竖杆、竖向模板时，需要根据地基基础设计规范的要求进行设计计算。

⑲ 无论采用哪种材料制作的模板，其接缝均需要严密，避免漏浆。对于木模板，需要考虑浇水湿润时的木材膨胀情况。

⑳ 模板内部和与混凝土的接触面要清理干净，以免出现麻面、夹渣等缺陷。

㉑ 对于清水混凝土、装饰混凝土，为了使浇筑后的混凝土表面满足设计效果，宜事先对所使用的模板、浇筑工艺制作样板或进行试验。

㉒ 根据施工方案选择隔离剂的品种、性能、涂刷方法等要求。对于长效隔离剂，宜对其周转使用的实际效果进行检验或试验。

㉓ 在有条件的情况下，隔离剂宜在支模前涂刷。受施工条件限制或支模工艺不同时也可以现场涂刷。

㉔ 对于多层连续支模，上、下层模板支架的竖杆要对准。后浇带及相邻部位，对于竖杆对准有更严格的要求。应根据施工荷载、施工组织设计的要求，对下层连续支撑进行检查。

㉕ 模板上的预埋件的外露长度只允许有正偏差，不允许有负偏差。模板上预留洞内部尺寸只允许大，不允许小。对固定在模板上的预埋件、预留孔、洞内置模板的检查验收，主要包括数量、位置、尺寸、安装牢固程度、防渗措施、预埋螺栓外露长度等项目的检查。

㉖ 模板验收时一般尚未浇筑混凝土，如果发现过大偏差，则需要在浇筑前修整。

㉗ 拼装高度为 2m 以上的竖向模板，不得站在下层模板上拼装上层模板。安装过程中，需要设置临时固定设施。

㉘ 支架立柱呈一定角度倾斜，或其支架立柱的顶表面倾斜时，需要采取可靠措施确保支点稳定，并且支撑底脚必须有可靠的防滑移措施。

㉙ 除了设计有规定外，所有垂直支架柱一般均需要保证其垂直。

㉚ 施工时，已安装好的模板上的实际荷载不得超过设计值。已承受荷载的支架、附件，不得随意拆除或移动。

㉛ 梁、板安装二次支撑前，其上不得有施工荷载，并且支撑的位置要正确。安装后所传给支撑或连接件的荷载，不得超过其允许值。

㉜ 承重焊接钢筋骨架与模板一起安装时，需要符合的规定如下：安装钢筋模板组合体时，吊索需要根据模板设计的吊点位置绑扎；梁的侧模、底模必须固定在承重焊接钢筋骨架的节点上。

㉝ 模板的接缝不得漏浆。

㉞ 采用电刨修整木板条的宽度、平直度，精确到毫米。

㉟ 可以采用双面胶或清漆、腻子粉拌制的腻子填补板缝。

㊱ 可以采用拉线控制，严格检查楼板标高。

㊲ 可以采用铝合金靠尺检查模板平整度。

㊳ 楼板预留洞必须设有固定盖板，木盒（当采用木模板时）要比板面低 5mm，确保混凝土板面收面平整以及与洞口安全防护结合一次到位。

㊴ 梁侧板交接处的木方应通长加固，以防胀模。

㊵ 有的大模板背面还应考虑设置保温棉。

㊶ 注意接头模板应处理合理，包括梁、柱接头模板，主、次梁模板接头，梁、桩接头模板。

㊷ 梁、板模板线条一般要方正、顺直。

㊸ 楼梯模板可以采用定型钢模板、楼梯专用模板等。

㊹ 楼板处的套管预埋要正确。

㊺ 楼板模板，在板的拼缝地方可以使用方木，以确保平整度。

㊻ 楼层飘窗板的滴水线有要求一次成型的，则装模要符合相关要求。

干货与提示

模板及支架材料技术指标包括模板、支架及配件的材质、规格、尺寸、力学性能等。现场主要检验方法就是核查质量证明文件，并且对实物的外观、规格、尺寸进行观察和必要的检查。如果实物的质量差异较大，宜在检查前进行必要的分类筛选。模板及支架材料尺寸检查，往往包括模板的厚度、平整度、刚度等；支架杆件的直径、壁厚、外观等；连接件的规格、尺寸、重量、外观等。

1.6 模板施工方案

1.6.1 模板施工方案的内容

模板施工方案的内容，包括工程概况、编制依据、材料准备、作业条件准备、模板配制的方法、模板配制的要求、模板安装的要求、模板拆除的要求、模板有关计算与验算等。

有的模板相关的计算与验算包括楼板模板隔栅的计算、木方的计算等。

施工方案的模板有关要求与计算，可以参阅本书第 2 章和第 8 章相关内容。

1.6.2　工程概况、编制依据

工程概况包括工程名称、地理位置、建筑面积、相对于 ±0.000 绝对标高、建筑尺寸、建筑层数、建筑高度、工程用途、自然条件、地形地貌、建设单位、勘察单位、设计单位、监理单位、施工单位以及监督单位。

编制依据包括建设单位提供设计施工蓝图、招标文件、图纸会审纪要、设计交底与变更等。施工单位的有关质量管理、安全管理、文明施工管理、公司制度、相关指导文件等。有关国家现行的各类规范、规程、验评标准、技术规定、施工工艺等。

1.7　模板的管理

1.7.1　安全管理

① 从事模板作业的人员，需要经过安全技术培训。

② 从事高处作业的人员，需要定期体检，不符合要求的不得从事高处作业。经医生检查认为不适宜高空作业的人员，不得进行高空作业。

③ 安装、拆除模板时，操作人员需要戴安全帽、系安全带、穿防滑鞋，并且安全帽、安全带需要定期检查，不合格的安全帽、安全带均严禁使用。

④ 进场的模板、配件，需要有出厂合格证或当年的检验报告，不符合要求的不得使用。

⑤ 模板工程应编制施工设计、安全技术措施方案，并且严格根据施工设计与安全技术措施方案的规定进行施工。

⑥ 模板施工中，发现问题应报告有关人员及时处理。遇险情时，应立即停工和采取应急措施，等修复或排除险情后，才能够继续施工。

⑦ 安装、拆除作业前，应以书面形式向作业班组进行施工操作的安全技术交底。作业班组应对照书面交底进行上班、下班的自检、互检。

⑧ 高处安装和拆除模板时，周围防护安全要到位、有效。

⑨ 大风地区或大风季节施工时，模板需要有抗风的临时加固措施。

⑩ 模板安装操作时要符合安全规范。

⑪ 模板施工中应设专人负责安全检查。

⑫ 施工用的临时照明、行灯的电压，一般不得超过 36V。对于满堂模板、钢支架、特别潮湿的环境，电压不得超过 12V。

⑬ 临时照明、行灯、机电设备的移动线路，需要采用绝缘橡胶套电缆线。

⑭ 施工用的临时照明、动力线，需要采用绝缘线与绝缘电缆线，并且不得直接固定在钢模板上。

⑮ 夜间模板施工时，需要有足够的照明，并且有夜间施工安全的措施。

⑯ 高空、复杂结构模板的安装与拆除，事先需要有切实的安全措施。

　　脚手架或操作平台上临时堆放的模板不宜超过 3 层。若模板上有预留洞，则需要在安装后将洞口盖好。对于混凝土板上的预留洞，则需要在模板拆除后及时把洞口盖好。

1.7.2　模板作业时的注意事项

　　模板作业时的注意事项如下。

　　① 如果使用人字梯进行顶板拆除作业时，则要整理作业面，保证人字梯架的平稳。

　　② 拆顶板时，不得只使用一架人字梯，以免用力时梯倒人伤。

　　③ 作业时使用人字梯，则需要放下人字梯的安全锁，以免梯倒人伤。

　　④ 对于损坏的安全锁，需要及时修理。

　　⑤ 作业时，需要根据规定、程序作业。

　　⑥ 使用人字梯，只能够在不高于 1.8m 的范围内进行。

　　⑦ 不得从人字梯往钢筋平台上攀爬，需要采用升降设备。

　　⑧ 使用爬梯上下时，手上不能提工具箱等物件。

　　⑨ 人字梯周围的材料等物件需要清理好。

　　⑩ 作业时，不要踩在用于固定的扣件类零件上攀爬。

　　⑪ 移动式作业平台上安装模板作业，作业平台上的护栏要设置周全，切实放下脚轮刹车器，作业平台上应增设高度 10cm 以上的挡脚板。

　　⑫ 高处作业平台上铺装木板时，应从楼板端部开始打钉固定。

　　⑬ 高处作业平台上铺装木板时，需要在未施工位置临边部位设置保险绳，以便作业人员系挂安全绳。

　　⑭ 使用双面梯搭建作业平台时，需要保证踏脚板三点支撑，并且两端固定，以及两头伸出部分要超过 10cm。

　　⑮ 使用双面梯搭建作业平台时，双面梯与踏脚板角度需要保持 75° 以下，并且放下安全锁固定。

　　⑯ 使用双面梯搭建作业平台时，双面梯要放置在平地面上。

　　⑰ 使用双面梯搭建作业平台时，需要增设安全母绳，系挂好安全带。

　　⑱ 使用人字梯时，需要注意脚下踩稳后才能够慢慢上下。

　　⑲ 作业时，不得使用有破损或已朽化的踏板搭设作业平台。

　　⑳ 站在人字梯上进行拆模作业时，应整理好人字梯脚下的材料，并且不得使用有破损的人字梯。

　　㉑ 站在人字梯上若身体过于前倾，用力撬开模板时往前容易摔倒。为此，需要拉开人字梯上的安全锁，不站在人字梯顶部作业，且要有防坠落措施等要求。

　　㉒ 在模板下方作业，往上看时，混凝土灰容易进入眼睛，为此，作业时应戴好防尘眼镜。

　　㉓ 从内侧按住模板进行固定作业时，由于踩在模板零件上拧紧螺栓等情况时，身体容易过于前倾，易踩滑导致人员跌落。为此，需要搭设专门的踏脚板平台，不得踩在金属零件上作业。如果只采用一架人字梯，作业时则两腿要分立跨过其顶部。

㉔ 从临边部位吊入支撑管材时，需要采用两点法吊挂钢丝绳、使用设置防钢丝绳脱落措施的挂钩、不使用有破损的钢丝绳、钢丝绳上要使用 U 形钩、配置信号指挥员等。

㉕ 作业时，如果将木梁往上传递，因木梁过沉有可能导致人员重心不稳发生跌落等现象。为此，需要设置好安全母绳，系挂好安全带，并且先确认好支撑横梁的承重性。

㉖ 作业时，注意不要踩空、不要被模板绊倒、不要被垫块绊倒等。

㉗ 作业时，不要踩在横梁两侧行走。

㉘ 在外伸平台上作业时，有发生坠落、平台坍塌等危险。为此，需要确认平台承重性、在外伸平台上作业时要系挂安全带、外伸平台前端部要设置挡脚板、外伸平台前端部要设置护栏等。

㉙ 模板吊运到下方作业面时，应保证挂钩位于吊件重心后再系挂丝索、两根系挂钢丝绳间的角度为60°、使用专用钢丝绳吊运、确认吊件重量并严格控制在限定重量内、较长物件要用两根同样长的丝索系挂等。

㉚ 当面板铺设在中间小横梁上作业时，易脚踩滑跌落。为此，不要站在中间小横梁上作业，且应系挂好安全带。

㉛ 确认完上层模板搭建完成后往下层攀爬时，要防止发生踩空坠落现象。为此，需要使用专用爬梯上下，并且系挂防坠落安全网。

㉜ 模板铺设作业前，先加固侧梁下方支撑件后再搭设中间钢梁。

㉝ 模板铺设作业时，应从侧梁部位开始铺设面板，以确保形成足够的作业平台。

㉞ 排架上不得使用人字梯，并且要设置上下爬梯装置、安全网、栏杆等设施。

㉟ 搭设梁架作业时，一般要两人进行该项作业，并且禁止上下同时作业。

㊱ 吊机进行架梁作业时，需要注意横梁坍塌、吊件摇晃、吊件滑落（脱落）等危险情况。

㊲ 往上方传递钢梁进行面板铺设作业时，需要先设置木板的临时放置场所，木板铺设作业一般从木板临时放置场所旁开始逐次铺设。

㊳ 放在模板上的钢筋材料要分散放置，不能集中放置在一个部位上。

㊴ 吊放钢筋时，禁止人员进入下放材料的平台下方。

㊵ 模板接缝处需要严密。

㊶ 模板与混凝土的接触面需要清理干净，并且应采取防止黏结的措施。

㊷ 根据图纸尺寸直接配制模板。

㊸ 采用木模板施工的，所采用木材不得有脆裂和严重扭曲，不使用受潮、容易变形的木材。底模、侧模胶合板厚度需要符合要求。

㊹ 安装模板时需要保证结构、构件各部分形状、尺寸、相互位置的正确。

㊺ 模板安装时，需要具有足够的承载能力、刚度、稳定性，并且能够可靠地承受浇捣混凝土的自重、侧压力，以及承受施工过程中所产生的荷载。

㊻ 模板应能装拆方便，并且能够多次周转使用。

㊼ 模板支撑必须安装在坚实的地基上，并且有足够的支承面积，以保证所浇捣的结构不致发生下沉。

㊽ 模板安装时，不得将其支搭在门窗框上，也不得将脚手板支搭在模板上。

㊾ 支模过程中如遇中途停歇，则需要将已就位模板或支架连接稳固，不得浮搁或悬空。

㊿ 已松扣或已拆松的模板、支架等拆下后应及时运走，以防构件坠落伤人或作业人员扶空坠落。

◁ **干货与提示**

支设 3m 高以上的墙面模板时需要设操作台。支设不足 3m 高的墙面模板则可以用马凳操作。禁止利用拉杆、支撑攀登上下。

1.7.3 模板拆除的要点、注意点

模板拆除的要点、注意点如下。

① 拆模作业中，高处作业较多，作业人员要随身携带安全带，并且保证能正常、正确使用。

② 拆模时，需要经过施工有关人员同意后才能够进行。

③ 拆模时，根据顺序分段进行，不用撬棍猛撬、硬撬，不用大锤硬砸，不大面积撬落和拉倒等，以免损伤混凝土表面与棱角。

④ 拆模完成后，不得留下松动的、悬挂的模板。

⑤ 拆下的模板，需要及时运到指定地点集中堆放，以防钉子扎脚。

⑥ 模板拆除后的材料，要根据编号分类堆放。

⑦ 拆模时必须一次性拆清，不得留下无支撑的模板。

⑧ 坚持每次使用模板后清理板面，涂刷脱模剂。

⑨ 拆模时，需要注意成品保护。

⑩ 承重的模板拆除后，其上有承受施工荷载时，必须加设临时支撑。

⑪ 混凝土结构高层建筑模板拆除的规定要求如图 1-29 所示。

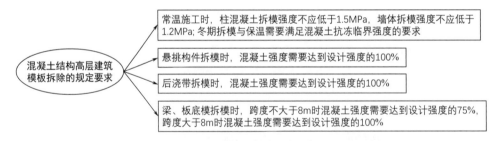

图1-29　混凝土结构高层建筑模板拆除的规定要求

⑫ 一般的拆模顺序：先支的后拆，后支的先拆；先拆非承重部位，后拆承重部位；先拆柱模板，再拆楼板底模、梁侧模板，最后拆梁底模板；自上而下拆除。

⑬ 柱、梁、板模板的拆除，必须等到混凝土达到设计或规范要求的脱模强度。

⑭ 柱模板需要在混凝土强度能够保证其表面、棱角不因拆模而受损坏时，才能够拆除。

⑮ 拆模时，拆下的模板、配件等严禁抛扔。

⑯ 冬期施工的拆模，需要遵守专门的规定。

⑰ 混凝土没有达到规定强度或已达到设计规定强度时，如果需提前拆模，或承受部分超设计荷载时，则需要经过计算、技术确认其强度能足够承受该荷载后，才可以拆除。

⑱ 大体积混凝土的拆模时间除了需要满足混凝土强度要求外，还需要使混凝土内外温差降低到 25℃ 以下时才可以拆模。否则，需要采取有效措施防止产生温度裂缝。

⑲ 后张预应力混凝土结构的侧模，宜在施加预应力前拆除。

⑳ 后张预应力混凝土结构的底模，应在施加预应力后拆除。

㉑ 后浇带模板及支架由于施工中留置时间较长，不能与相邻的混凝土模板及支架同时拆除，并且不宜拆除后二次支撑。

㉒ 后浇带模板需要使用独立的支撑。主体模板达到强度后拆除时，后浇带部分架体不拆，并且模板独立，不受影响。

> **干货与提示**
>
> 拆除模板时，一般采用长撬棒。操作时，人不许站在正在拆除的模板上。拆除楼板模板时，需要注意整块模板掉下的危险。拆模人员可以站在门窗洞口外拉支撑，以防模板突然全部掉落伤人。

1.8 工具与机具

1.8.1 电动圆锯的特点和使用时的注意事项

（1）电动圆锯的特点

电动圆锯是以电作为动力，用旋转开齿锯片锯割各种木材与类似材料的一种工具。电动圆锯又叫做木材切割机，其主要用于切割夹板、木方条、装饰板等材料。

电动圆锯的特点如下。

① 电动圆锯常用规格有：7in、8in、9in、10in、12in、14in 等（1in=2.54cm，下同）。

② 电动圆锯的功率常见的有 1750～1900W，转速常见的有 3200～4000r/min。

③ 手提式电动圆锯电源线一般采用双芯护套软电缆，与双柱橡胶插头为一个整体结构，不可重接插头。

④ 电动圆锯的锯条一般用工具钢制成，有圆形的带锯条、链式锯条等多种。

⑤ 电动圆锯分为固定台式电动圆锯、手提式电动圆锯、充电式电动圆锯。

（2）使用电动圆锯的注意事项

使用电动圆锯的注意事项如下。

① 接通电源前，首先检查电动圆锯所需的电压值是否与电源电压相符。

② 接通电源前，检查插头与电缆是否完好。

③ 接通电源前，检查开关是否正常、可靠。

④ 使用必要的防护设备。

⑤ 接通电源前，检查使用的电动圆锯是否完好无缺。

⑥ 搬动电动圆锯时，手不可放在开关上，以免突然启动。

⑦ 为了操作的安全性，当锯切薄板时须使用较浅的锯切深度。调节好锯切深度后一定要旋紧蝶形螺母。

⑧ 电动圆锯电缆的摆放位置需要注意，应避开锯片以免被锯片切断，造成电源短路以及其他事故的发生。

⑨ 操作电动圆锯时，绝对不允许在电动圆锯启动前将覆盖圆锯片下半部分锯齿的活动护罩打开，更不允许将其拆除，以免手指或其他物品被锯片损伤。

⑩ 电动圆锯使用前，需要对锯片开齿。开齿的大小需要保证锯缝适中，使用的锯片应

完好无损，不得有卷齿、缺齿、破裂等异常现象。

⑪ 检查锯片是否安装牢靠，螺栓是否拧紧，内、外卡盘是否已将锯片紧紧夹住，锯片的平面是否与电动圆锯的水平轴线方向垂直。

⑫ 检查所需要锯割的深度与角度位置是否已调整好并固定好。

⑬ 检查正常后，则可以将电动圆锯的插头插入电源，并且注意此时手指不得置于开关位置以及锯齿必须离开被切割工件。

⑭ 切割工件前，最好先将电动圆锯空转一会儿，看看锯片运转是否正常，听听声音是否柔和。

⑮ 不得在高过头顶的部位使用电动圆锯。

⑯ 开机时，电动圆锯必须处于悬空位置，不允许将锯片置于工作状态，不允许在开机前将锯齿接触被切割工件。必须等电动圆锯空载启动后，才能向前推进接触工件进行切割。

⑰ 使用电动圆锯进行切割操作时，操作者的身体必须与电动圆锯保持适当的距离。

⑱ 不得使用电动圆锯切割含有石棉或其他对人体有害物质的材料。

⑲ 操作电动圆锯切割工件的过程中，如果碰到硬质夹杂物，应立即退出并关机。等将夹杂物排除后才能继续操作。

⑳ 新锯片在使用一段时间后，切割速度出现下降趋势，此时，需要检查一下锯齿是否磨钝。

㉑ 常见的手持电动圆锯电源电压一般保持在（220±22）V 范围内方可使用。

㉒ 电动圆锯严禁在易燃易爆的场所使用，也不可在雨中与潮湿的环境中使用。

㉓ 使用电动圆锯时，对不同硬度的材质，需要掌握合适的推进速度。

㉔ 电动圆锯锯割结束时，不允许用木棒等压迫圆锯片侧面的方法来制动。

㉕ 在施工时，可以把电动圆锯反装在工作台面下，并且使圆锯片从工作台面的开槽处伸出台面，以便切割木板与木方条。

㉖ 作业中需要注意声响及温升，发现异常应立即停机检查。

㉗ 作业时间过长，电动圆锯温升超过 60℃或有烧焦味时应停机，自然冷却后才能够继续作业。

㉘ 作业中，不得用手触摸刃具。

㉙ 电动圆锯转速急剧下降或停止转动、锯片突然被卡或发出异常响声，必须立即切断电源，等查明原因，经检修正常后才能够继续使用。

㉚ 电动圆锯锯片出现强烈抖动、摆动、机壳温度过高现象时，必须立即切断电源，等查明原因，经检修正常后才能够继续使用。

㉛ 电动圆锯纵锯木料时，必须使用导向架或直边挡板。

㉜ 电动圆锯上方应设置防护罩和防护挡板。

㉝ 锯片旋转方向要正确，转速要稳定。

㉞ 电动圆锯可以采用单向控制按钮开关控制，不得使用倒顺开关控制。

㉟ 当木料较短时，无论对其刨还是锯之前，都需要借助其他配件对木料夹固牢靠后才能开始操作。

㊱ 操作手持式电动圆锯时，一般不戴劳保手套，以免卷入锯齿中，需要徒手或戴皮手套进行切割作业。

㊲ 手持式电动圆锯锯橡胶电缆容易被拉紧绷直，从而导致电动圆锯弹起伤人等事故。为此，需要橡胶电缆应有足够长度，并且保证有足够的松弛度。

㊳ 电动圆锯需要放到架台上切割，并且用正确的作业姿势。架台如图1-30所示。

㊴ 当电动机上的碳刷磨耗度超出极限时，电动机将发生故障，因此，对磨耗的碳刷需要立即更换。

㊵ 停电、休息、离开工作场地时，必须关闭电动圆锯的电源，并且把插头拔掉。

㊶ 电动圆锯加工完毕后，应关闭电源，拔掉插头，以及对周围场地进行清洁。

图1-30　架台

> ### 干货与提示
>
> 如果重叠多块模板切割，则往往会出现材料易歪斜、电锯易卡住等现象，并且用力拔出电锯时，电锯往往会弹起伤人。为此，需要一块一块地切割，不得叠块切割。如果特殊情况需要重叠切割时，需要把板材四点打钉固定后再作业，以保证作业中不发生歪斜，同时还需要采取必要的防护措施。

1.8.2　电刨的特点和使用时的注意事项

（1）电刨的特点

电刨是用于刨削木材与类似材料表面的一种电动工具，其特点如下。

① 电刨用于刨削、倒棱、裁口木材或木结构件。

② 手持式电刨广泛用于房屋建筑、住房装潢、木工车间、野外木工作业等场合。

③ 电刨的刀轴由电动机转轴通过皮带驱动。

④ 电刨可以装在台架上也可作小型台刨使用。

⑤ 电刨装有一个与底盘平行的旋转刨刀。

（2）使用木工电刨的注意事项

使用木工电刨的注意事项如下。

① 使用前，需要先检查电源电压是否符合电刨所需的额定电压值。

② 常用的手持木工电刨电源电压需要保持在（220±22）V 范围内。

③ 操作前，需要根据实际刨削的需要，调节好手柄上的深度刻度板。

④ 两片刨刀安装位置需要正确与对称，突出大底板的高度需要一致，在 0.1～0.25mm 之间，并且刃口必须与大底板的平面平行，这样刨削时电刨不会产生振动。

⑤ 必须定期检查电源插头、开关、电刷、换向器等。

⑥ 电刨的机械防护装置不得任意拆除或调换。

⑦ 电刨在露天场所作业时，不能在潮湿、下雨、下雪、易爆、有易腐蚀气体的环境下使用。

⑧ 木工电刨中的多楔带属于易损件，损坏了需要及时更换。

⑨ 刨刀的刃口需要保持锋利，出现钝口或缺口时需要刃磨或更换。

⑩ 刃磨刨刀需要采用磨刀附件，并且将一副刨刀装在磨刀架的上、下两面同时磨刃，刃口紧靠磨刀架中斜面，并且放上压板以及旋紧螺钉。

⑪ 需刨削的木材工件应无铁钉、沙子、小石子等障碍物。

⑫ 移动电刨时，必须握持手柄，不得提拉电源线。

⑬ 电刨运转时，不得用手触摸底板与托住底板。

⑭ 拆装刀片与更换多楔带前，需要拔出电刨电源插头。

⑮ 等电刨的刨刀组合件空转正常后才能够进行刨削。

⑯ 刨削时，需要将电刨缓慢向前推进。

⑰ 刨削时，不得随意转动调节手柄，以免损坏电刨与木材表面。

⑱ 作业中，需要戴好防护眼镜，防止木屑飞出损伤眼睛。

⑲ 刨削中，需要防止电源线被割破、擦破，以免发生人身事故。

⑳ 电刨运转时，手不得接近刨刀与旋转零件。

㉑ 电刨使用后，需要存放在干燥、清洁、无腐蚀性气体的环境中。

㉒ 久置没有使用的电刨，使用前需要先测量电机绕组与机壳间的绝缘电阻，其值不得小于 7MΩ，否则需要进行干燥处理。

㉓ 遇到临时停电或间断供电时，必须将电刨的电源开关关闭，拔掉电源插头。

㉔ 电刨使用中，遇到换向器火花过大及环火、剧烈振动、机壳温升过高等现象，则需要停止电刨工作，等查明原因、排除故障正常后才能够继续使用。

干货与提示

模板加工过程中使用电刨、电锯等，需要注意控制噪声。夜间施工，需要遵守当地规定，防止噪声扰民。电锯、电刨等木工机械应性能良好，防护装置齐全，工人按规程操作。木加工场所严禁烟火。另外，加工、拆除木模板产生的锯末、碎木要严格根据固体废弃物处理程序处理，避免污染环境。

第2章

模板的荷载、计算与支撑

2.1 荷载标准值

2.1.1 永久荷载标准值

为了保证使用模板的安全性和可靠性，在模板的设计、施工方案中，往往需要考虑其相关荷载。常见的荷载有永久荷载和可变荷载。

永久荷载标准值

扫一扫

永久荷载，又称为恒载，是指结构在使用期内其值不随时间变化，或其变化与平均值相比可忽略不计，或其变化是单调的并能趋于限值的一类荷载。

模板常见的永久荷载（图 2-1）如下。

① 模板及其支撑支架自重标准值，一般需要根据模板设计图纸计算来确定。肋形、无梁楼板模板自重标准值可以查阅有关表格来采用。

② 普通混凝土和新浇筑混凝土自重标准值，可以采用 24kN/m³。其他混凝土可以根据实际重力密度或者查阅有关表格来采用。

③ 钢筋自重标准值，一般需要根据工程设计图来确定。一般梁板结构每立方米钢筋混凝土的钢筋自重标准值：楼板可以取 1.1kN，梁可以取 1.5kN。

④ 采用内部振捣器时，新浇筑的混凝土作用于模板的侧压力标准值，可以根据如下公式来计算，并且取其中的较小值。

$$F = 0.22 \gamma_c t_0 \beta_1 \beta_2 V^{\frac{1}{2}}$$

$$F = \gamma_c H$$

式中　F——新浇混凝土对模板的侧压力计算值，kN/m²；

　　　γ_c——混凝土的重力密度，kN/m³；

　　　V——混凝土的浇筑速率，m/h；

　　　t_0——新浇混凝土的初凝时间，h，可以根据试验来确定，当缺乏试验资料时，可以采用 $t_0 = 200/(T + 15)$（T 表示混凝土的温度，℃）；

β_1——外加剂影响修正系数，不掺外加剂时可以取 1，掺有缓凝作用的外加剂时可以取 1.2；

β_2——混凝土坍落度影响修正系数（坍落度小于 30mm 时，可以取 0.85；坍落度为 50～90mm 时，可以取 1；坍落度为 110～150mm 时，可以取 1.15）；

H——混凝土侧压力计算位置处到新浇混凝土顶面的总高度，m。

模板及其支架自重

钢筋自重

普通混凝土、新浇筑混凝土自重

图 2-1　模板常见的永久荷载

干货与提示

引发模板支撑架事故的一些原因如下。

① 监管不够。

② 梁、板支撑体系立杆变形过大、顶托强度不够、扣件抗滑移不满足要求。

③ 模板、脚手架没有经过设计、计算。

④ 模板支撑系统强度不足、稳定性差。

⑤ 施工过程中，没有根据规范、方案要求进行搭设。

⑥ 施工过程中随意拆卸杆架等。

⑦ 使用的材料不合格。

⑧ 钢管支撑支架的立杆接头不得在同一高度，应错开。

2.1.2 可变荷载标准值

可变荷载是在设计使用期内，其值随时间变化，并且其变化与平均值相比不可忽略的一类荷载。

可变荷载一般是指活荷载。活荷载也简称为活载。

模板可变荷载标准值的要求见表2-1。模板可变荷载图例如图2-2所示。

扫一扫

可变荷载标准值

表2-1　模板可变荷载标准值的要求

项目	要求
施工人员、设备荷载标准值	（1）混凝土堆积高度超过100mm者，可以根据实际高度来计算 （2）模板单块宽度小于150mm时，集中荷载可分布于相邻的两块板面上 （3）当计算模板和直接支承模板的小梁时，均布活荷载可以取2.5kN/m²，再用集中荷载2.5kN进行验算，比较两者所得的弯矩值，取其大者 （4）当计算支撑支架立柱、其他支承结构构件时，均布活荷载标准值可以取1kN/m² （5）对大型浇筑设备，如上料平台、混凝土输送泵等，可根据实际情况来计算。采用布料机上料进行混凝土浇筑时，活荷载标准值可以取4kN/m² （6）当计算直接支承小梁的主梁时，均布活荷载标准值可以取1.5kN/m²
振捣混凝土时产生的荷载标准值	对水平面模板可以采用2kN/m²，对垂直面模板可以采用4kN/m²，且作用范围在新浇筑混凝土侧压力的有效压头高度之内
倾倒混凝土时，对垂直面模板产生的水平荷载标准值	倾倒混凝土时，对垂直面模板产生的水平荷载标准值，可以查阅有关表格来采用

施工人员、设备荷载值

振捣混凝土时产生的荷载值；倾倒混凝土时，对垂直面模板产生的水平荷载值

图2-2　模板可变荷载图例

干货与提示

混凝土模板上的各种荷载与压力包括混凝土的侧压力、垂直荷载、水平荷载、特殊负载等。偶然荷载，是指在结构的设计使用期内偶然出现（或不出现），其数值很大、持续时间很短的一类荷载。

2.1.3 荷载设计值

荷载设计值的一些要求如下。

① 计算模板、支撑支架结构或构件的强度、稳定性、连接强度时，需要采用荷载设计值（荷载标准值乘以荷载分项系数）。

②计算正常使用极限状态的变形时，一般采用荷载标准值。

③钢面板、支撑支架作用荷载设计值，可以乘以系数0.95进行折减。当采用冷弯薄壁型钢时，其荷载设计值不应折减。

④荷载分项系数见表2-2。

表2-2　荷载分项系数

类　别	分项系数
施工人员及施工设备荷载标准值	可变荷载的分项系数 （1）对标准值大于4kN/m²的活荷载应取1.3 （2）一般情况下应取1.4
振捣混凝土时产生的荷载标准值	
倾倒混凝土时产生的荷载标准值	
风荷载	1.4
模板及支架自重标准值	永久荷载的分项系数 （1）当其效应对结构有利时：一般情况应取1；对结构的倾覆、滑移验算，应取0.9 （2）当其效应对结构不利时：对由可变荷载效应控制的组合，应取1.2；对由永久荷载效应控制的组合，应取1.35
新浇混凝土自重标准值	
钢筋自重标准值	
新浇混凝土对模板的侧压力标准值	

干货与提示

荷载的"几个值"的比较如图2-3所示。

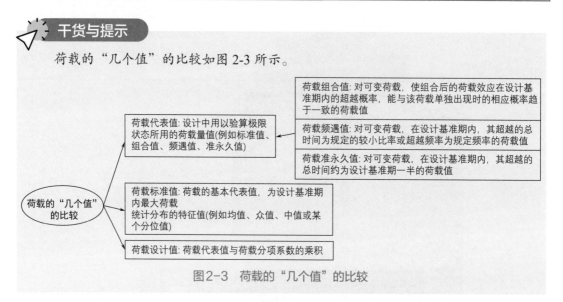

图2-3　荷载的"几个值"的比较

2.1.4　荷载组合

模板上，同时存在的荷载往往不是单一的，而是多个荷载共存。几种不同荷载同时作用时，往往要考虑它们间的组合。考虑模板荷载组合，一般采用极限状态法，也就是采取可能最不利的组合。这样，可以把模板可能出现的不利"一网打尽"。

由于不同的荷载发生的概率不一样，因此荷载组合时，就有不同的组合系数。

参与计算模板及其支撑支架荷载效应组合的各项荷载的标准值组合，一般需要符合表2-3的规定。

表2-3　模板及其支撑支架荷载效应组合的各项荷载的标准值组合

项　目	参与组合的荷载类别	
	计算承载能力	验算挠度
梁、拱、柱（边长不大于300mm）、墙（厚度不大于100mm）的侧面模板	$G_{4k}+Q_{2k}$	G_{4k}

项　　目	参与组合的荷载类别	
	计算承载能力	验算挠度
大体积结构、柱（边长大于300mm）、墙（厚度大于100mm）的侧面模板	$G_{4k}+Q_{3k}$	G_{4k}
平板和薄壳的模板及支架	$G_{1k}+G_{2k}+G_{3k}+Q_{1k}$	$G_{1k}+G_{2k}+G_{3k}$
梁和拱模板的底板及支架	$G_{1k}+G_{2k}+G_{3k}+Q_{2k}$	$G_{1k}+G_{2k}+G_{3k}$

注：验算挠度需要采用荷载标准值；计算承载能力需要采用荷载设计值。表中加号仅表示是组合关系。

G_{1k}表示模板及其支撑支架自重标准值；G_{2k}表示新浇混凝土自重标准值；G_{3k}表示钢筋自重标准值；G_{4k}表示新浇混凝土作用于模板的侧压力标准值；Q_{1k}表示施工人员及设备荷载标准值；Q_{2k}表示振捣混凝土时产生的荷载标准值；Q_{3k}表示倾倒混凝土时对垂直面模板产生的水平荷载标准值。

模板荷载组合有关计算公式见表2-4。

表2-4　模板荷载组合有关计算公式

项目	公式	备注
对于承载能力极限状态，一般根据荷载效应的基本组合来采用，并且采用表达式计算模板的设计	$\gamma_0 S \leq R$	式中　γ_0——结构重要性系数，其值一般取0.9； S——荷载效应组合的设计值； R——结构构件抗力的设计值，一般根据各有关建筑结构设计规范的规定来确定
由可变荷载效应控制的组合（基本组合，荷载效应组合的设计值）	$S = \gamma_G \sum_{i=1}^{n} G_{ik} + \gamma_{Q_1} Q_{1k}$ $S = \gamma_G \sum_{i=1}^{n} G_{ik} + 0.9 \sum_{i=1}^{n} \gamma_{Q_i} Q_{ik}$	式中　γ_G——永久荷载分项系数； γ_{Q_i}——第i个可变荷载的分项系数，其中γ_{Q_1}为可变荷载Q_1的分项系数； G_{ik}——根据各永久荷载标准值计算的荷载效应值； Q_{ik}——根据可变荷载标准值计算的荷载效应值，其中Q_{1k}为诸可变荷载效应中起控制作用者； n——参与组合的可变荷载数
由永久荷载效应控制的组合（基本组合，荷载效应组合的设计值）	$S = \gamma_G G_{ik} + \sum_{i=1}^{n} \gamma_{Q_i} \psi_{ci} Q_{ik}$	式中　ψ_{ci}——可变荷载Q_i的组合值系数； S——荷载效应组合的设计值； γ_G——永久荷载分项系数； G_{ik}——根据各永久荷载标准值计算的荷载效应值； γ_{Q_i}——第i个可变荷载的分项系数，其中γ_{Q_1}为可变荷载Q_1的分项系数； Q_{ik}——根据可变荷载标准值计算的荷载效应值，其中Q_{1k}为诸可变荷载效应中起控制作用者
正常使用极限状态应采用标准组合	$S \leq C$ $S = \sum_{i=1}^{n} G_{ik}$	式中　C——结构或结构构件达到正常使用要求的规定限值； S——荷载效应组合的设计值； G_{ik}——根据各永久荷载标准值计算的荷载效应值

干货与提示

荷载效应与抵抗能力是一种相互关系。荷载效应是指在建筑结构中，由荷载作用引起的结构或结构构件内产生的内力变形、裂缝等的总称。

2.1.5　爬模模板结构的设计荷载值及其组合的要求

爬模模板结构设计荷载应包括的项目见表2-5。

表2-5 爬模模板结构设计荷载应包括的项目

项目	解释
侧向荷载	（1）新浇混凝土侧向荷载、风荷载。当为工作状态时根据6级风计算 （2）非工作状态偶遇最大风力时，需要采用临时固定措施
混凝土对模板的上托力	当模板的倾角小于45°时，可以取3～5kN/m²；当模板的倾角大于或等于45°时，可以取5～12kN/m²
模板结构与滑轨的摩擦力	滚轮与轨道间的摩擦系数可以取0.05，滑块与轨道间的摩擦系数可以取0.15～0.5
竖向荷载	模板结构自重，机具、设备按实计算，施工人员根据1kN/m²采用
新浇混凝土与模板的黏结力	可以根据0.5kN/m²采用，但是确定混凝土与模板间摩擦力时，两者间的摩擦系数取0.4～0.5

爬模模板结构荷载组合需要符合的要求见表2-6。

表2-6 爬模模板结构荷载组合需要符合的要求

项目	解释
计算支承架的荷载组合	（1）处于工作状态时，应为竖向荷载加迎墙面风荷载 （2）处于非工作状态时，仅考虑风荷载
计算附墙架的荷载组合	（1）处于工作状态时，应为竖向荷载加背墙面风荷载 （2）处于非工作状态时，仅考虑风荷载

2.1.6 变形值的规定与要求

模板在存放、运输途中，安装护垫不平、安装距离靠边等均可能造成模板弯曲变形。对于模板弯曲变形，只能够允许在容许值内，否则表明模板施工存在问题。

验算模板及其支撑支架的刚度时，其最大变形值不得超过其容许值，具体如图2-4所示。

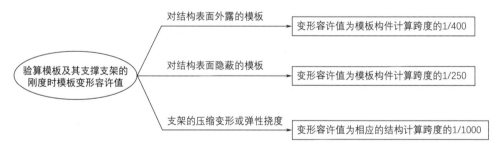

图2-4 验算模板及其支撑支架的刚度时模板变形容许值

滑模与爬模的最大变形容许值要求见表2-7。

表2-7 滑模与爬模的最大变形容许值要求

类型	最大变形不得超过的容许值
液压滑模装置的部件	（1）使用荷载下，两个提升架间围圈的垂直与水平方向的变形值均不得大于其计算跨度的1/500 （2）使用荷载下，提升架立柱的侧向水平变形值不得大于2mm （3）支承杆的弯曲度不得大于$L/500$
爬模及其部件	（1）爬模应采用大模板，爬模结构的主梁，根据重要程度的不同，其最大变形值不得超过计算跨度的1/800～1/500 （2）爬架立柱的安装变形值不得大于爬架立柱高度的1/1000 （3）支点间轨道变形值不得大于2mm

2.2 模板的设计与计算

2.2.1 模板设计的一般性要求

模板设计的一般性要求如下。

① 设计模板及其支撑支架时，需要根据工程结构形式、荷载大小、地基土类别、施工设备、施工材料等条件综合考虑进行。

② 设计模板及其支撑支架时，需要设计具有足够承载能力、足够刚度、足够稳定性，能够可靠地承受新浇混凝土的自重、侧压力、施工过程中所产生的荷载及风荷载的体系。

③ 模板及其支撑支架的设计，需要符合相应材质结构设计规范的规定和要求。

④ 设计模板及其支撑支架时，设计的构造应简单，装拆要方便，且应便于钢筋的绑扎、安装和混凝土的浇筑、养护。

⑤ 设计模板及其支撑支架时，需要验算模板及其支撑支架在自重、风荷载作用下的抗倾覆稳定性。

⑥ 设计模板中的木构件时，需要符合现行国家标准的规定，其中受压立杆需要满足计算要求，并且其梢径一般不得小于 80mm。

⑦ 模板设计常见的内容如图 2-5 所示。

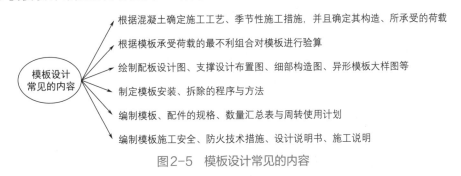

图2-5 模板设计常见的内容

⑧ 设计模板及其支撑支架时，需要注意模板结构构件的长细比要求，具体如图2-6所示。

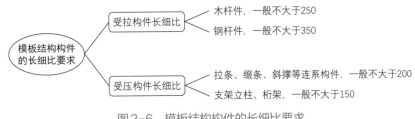

图2-6 模板结构构件的长细比要求

⑨ 采用卷扬机、钢丝绳牵拉进行爬模设计时，其支承架、锚固装置的设计能力，一般为总牵引力的3～5倍。

⑩ 烟囱、水塔、其他高大构筑物的模板工程，需要根据其特点进行专项设计，制定专项施工安全措施。

⑪ 用扣件式钢管脚手架做支撑支架立柱时，承重的支撑支架柱，其荷载一般要直接作用于立杆的轴线上，严禁承受偏心荷载，并且根据单立杆轴心受压来计算设计。另外，钢

管的初始弯曲率一般不大于 1/1000，其壁厚根据实际检查结果来计算设计。

⑫ 用扣件式钢管脚手架做支撑支架立柱时，露天支撑支架立柱为群柱架时，高宽比一般不大于 5。高宽比大于 5 时，则要设计加设抛撑或缆风绳，以保证宽度方向的稳定。

⑬ 水平支承梁的设计，需要采取防倾倒措施，并且不得取消或改动销紧装置作用的情况，如图 2-7 所示。

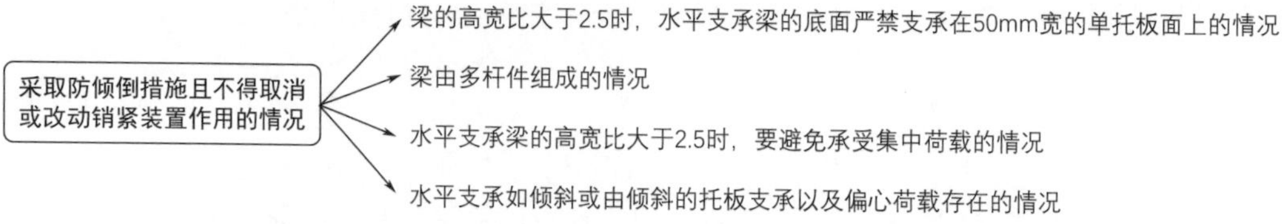

采取防倾倒措施且不得取消或改动销紧装置作用的情况	→ 梁的高宽比大于2.5时，水平支承梁的底面严禁支承在50mm宽的单托板面上的情况
	→ 梁由多杆件组成的情况
	→ 水平支承梁的高宽比大于2.5时，要避免承受集中荷载的情况
	→ 水平支承如倾斜或由倾斜的托板支承以及偏心荷载存在的情况

图2-7　采取防倾倒措施且不得取消或改动销紧装置作用的情况

模板设计需要对一些参数进行必要的计算、验算。由于具体模板存在一定的差异，为此本书的精通篇进行了必要的公式介绍，并提供速查表格。

干货与提示

① 现浇混凝土模板支承楞梁设计计算，当跨度不等时，次楞一般根据不等跨连续楞梁或悬臂楞梁来计算设计，主楞一般可以根据连续梁、简支梁或悬臂梁来计算设计。同时，次楞、主楞梁均需要进行最不利抗弯强度与挠度的计算设计，并且应符合有关规定。

② 现浇混凝土模板面板，可以根据简支跨计算设计，需要验算跨中、悬臂端的最不利抗弯强度、挠度，并应符合有关规定与计算要求。

2.2.2　建筑模板用量的计算

对于建筑模板，可以根据建筑物的实际建筑面积，计算出需要浇灌的墙面总面积和楼板总面积，然后根据这些总面积计算出模板用量。

建筑浇灌混凝土模板使用工程量，除了特殊规定外，均根据混凝土与模板接触面积来计算，并且一般以平方米为单位。

计算模板工程量的一些参考规定如下。

① 板单孔面积在 $0.3m^2$ 内的孔洞，不予扣除，洞侧壁模板也不增加。对于单孔面积在 $0.3m^2$ 以外的情况，则需要予以扣除，并且洞侧壁模板面积应并入墙、板模板工程量内计算。

② 框架分别根据梁、板、柱、墙的有关规定计算。

③ 框架的附墙柱并入墙内工程量计算。

④ 框架的构造柱外露面，均需要根据外露部分计算模板面积。

⑤ 框架的构造柱与墙接触面不计算模板面积。

⑥ 框架的现浇钢筋混凝土悬挑板（雨篷、阳台），需要根据外挑部分尺寸的水平投影面积来计算。挑出墙外的牛腿梁及板边模板则不另外计算。

⑦ 框架的柱与梁、柱与墙、梁与梁等连接重叠部分，以及伸入墙内的梁头、板头部分，均不计算模板面积。

⑧ 现浇钢筋混凝土楼梯，以露明面尺寸的水平投影面积来计算，并且不扣除宽度小于

500mm 楼梯井所占面积。

⑨ 现浇钢筋混凝土楼梯的混凝土台阶，不包括梯带，根据台阶尺寸的水平面积来计算，台阶端头两侧不另计算模板面积。

⑩ 现浇钢筋混凝土楼梯的踏步、踏步板、平台梁等侧面模板，不另行计算。

⑪ 小型池槽根据构件外围体积计算。池槽内侧、外侧、底部的模板，不另行计算。

⑫ 一般柱、梁、板、墙的支模高度以 3.6m 内为准。如果超过 3.6m，则根据超过部分计算增加的支撑工程量。

以上规定仅供参考，遇到规范规定的调整，则应及时根据新规做相应调整。

> **干货与提示**
>
> 建筑模板施工节约用料的一些方法如下。
>
> ① 根据图纸，把板排好。每块板、每根梁尽量少拼缝。木方不得随意切断、锯割。
>
> ② 使用钢管做支撑、横杆时，需要从大局和整体出发，规划并计算好。钢管长切短时，需要根据建筑模板工程具体结构高度、尺寸进行施工，以便有效提高周转材料使用率。
>
> ③ 在模板上钉钉子时，需要在模板下方垫上一些适当的垫底物，以防止钉装不当而引起模板破裂。
>
> ④ 裁切模板时，需要采用正确的方式进行切割，合理选择切割刀。
>
> ⑤ 拆除模板时，尽可能不损坏木模板，以便于周转使用。
>
> ⑥ 建筑模板裁切、打孔后，需要使用专用的封边漆封闭切口，以防模板由于吸水而产生变形。

2.3 模板支撑架

2.3.1 模板支撑架基础知识

支撑架就是固定物体，承受重量与力量的"架子"。建筑上用于混凝土现浇施工的模板支撑结构，普遍采用钢或木梁拼装成模板托架，实现混凝土的施工。

扫一扫

模板支撑架
基础知识

组装式桁架模板支撑如图 2-8 所示。

模板支撑架的一些要求如下。

① 梁、板的支撑支架立柱，其纵横向间距要相等或成倍数。

② 钢管扫地杆、水平拉杆，需要采用对接，并且剪刀撑需要采用搭接，搭接长度不得小于 500mm，应采用 2 个旋转扣件分别在离杆端不小于 100mm 处进行固定。

③ 对于钢管支撑支架，所有水平拉杆的端部，均需要与四周建筑物顶紧顶牢。如果无处可顶，则需要在水平拉杆端部、中部沿竖向设置连续式剪刀撑。

④ 钢管支撑支架可调支托底部的立柱顶端，需要沿纵横向设置一道水平拉杆。扫地杆与顶部水平拉杆间的间距，需要在满足模板设计所确定的水平拉杆步距要求情况下，进行平均分配确定步距后，在每一步距处纵横向各设一道水平拉杆。

⑤ 钢管支撑支架立柱，U 形支托与楞梁两侧间如有间隙，则要楔紧，并且其螺杆外径与立柱钢管内径的间隙不得大于 3mm，螺杆伸出钢管顶部不得大于 200mm，安装时要保证上下同心。

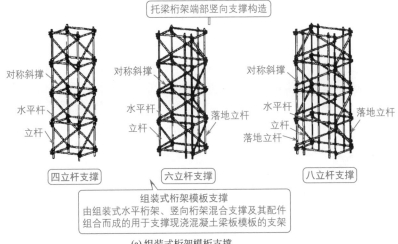

托梁桁架端部竖向支撑构造

对称斜撑
水平杆
立杆
四立杆支撑

对称斜撑
水平杆
立杆
落地立杆
六立杆支撑

对称斜撑
水平杆
立杆
落地立杆
落地立杆
八立杆支撑

组装式桁架模板支撑
由组装式水平桁架、竖向桁架混合支撑及其配件
组合而成的用于支撑现浇混凝土梁板模板的支架

(a) 组装式桁架模板支撑

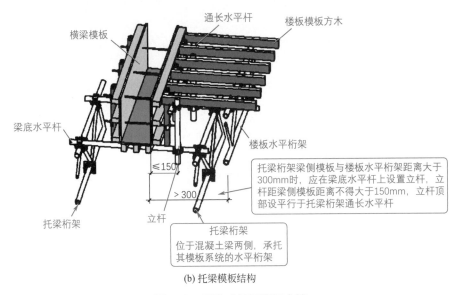

横梁模板
通长水平杆
楼板模板方木

梁底水平杆
楼板水平桁架

托梁桁架
立杆
≤150
> 300

托梁桁架梁侧模板与楼板水平桁架距离大于
300mm时，应在梁底水平杆上设置立杆，立
杆距梁侧模板距离不得大于150mm，立杆顶
部设平行于托梁桁架通长水平杆

托梁桁架
位于混凝土梁两侧，承托
其模板系统的水平桁架

(b) 托梁模板结构

图2-8　组装式桁架模板支撑

⑥ 钢管支撑支架立柱底距地面200mm高处，需要沿纵横水平方向根据纵下横上的顺序设扫地杆。

⑦ 钢管支撑支架立柱顶部需要设可调支托。钢管支撑支架立柱底部需要设垫木和底座。

⑧ 木扫地杆、水平拉杆、剪刀撑，需要采用搭接方式，并用铁钉钉牢。

⑨ 木支撑支架立柱的扫地杆、水平拉杆、剪刀撑，一般需要采用40mm×50mm的木条或25mm×80mm的木板条与木立柱钉牢。

⑩ 木支撑支架立柱顶部需要设支撑头，底部需要设垫木。

⑪ 钢管支撑支架立柱的扫地杆、水平拉杆、剪刀撑，一般采用 ϕ48mm×3.5mm 的钢管，用扣件与钢管立柱扣牢。

⑫ 负荷面积大、高 4m 以上的支架立柱采用扣件式钢管、门式钢管脚手架时，除了需要有合格证外，对所用扣件均需要采用扭矩扳手进行抽检，达到合格后才可以承力使用。

⑬ 可调支托底部的立柱顶端需要沿纵横向各设置一道水平拉杆。扫地杆与顶部水平拉杆间的间距，在满足模板设计所确定的水平拉杆步距要求条件下，进行平均分配确定步距后，在每一步距处纵横向应各设一道水平拉杆。当层高为 8～20m 时，在最顶步距两水平拉杆中间应加设一道水平拉杆；当层高大于 20m 时，在最顶两步距水平拉杆中间应分别增加一道水平拉杆。

⑭ 模板支撑支架需要根据施工图纸进行统筹布置，不同开间、不同进深的支撑支架均要可靠连接，如图 2-9 所示。

图2-9 模板支撑支架要可靠连接

⑮ 当模板支撑支架高度大于 5m 或楼板厚度大于 350mm 或梁截面面积大于 $0.5m^2$ 时，需要组织专家对专项施工方案进行论证。

⑯ 模板支撑支架需要提供的技术资料如图 2-10 所示。

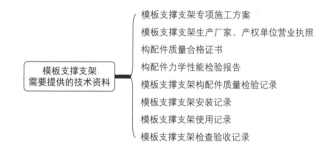

图2-10 模板支撑支架需要提供的技术资料

⑰ 施工过程中，需要检查立柱底部基土应回填夯实、垫木应满足设计要求、安全网和各种安全设施应符合要求、立杆的规格尺寸和垂直度应符合要求以及不出现偏心荷载、底座位置应正确、顶托螺杆伸出长度应符合规定等。

> ◤ 干货与提示
>
> 　　安装与拆除 5m 以上的模板，需要搭设组合脚手架，并且设防护栏杆，禁止上下在同一垂直面操作，以防发生意外。不得在脚手架上堆放大批模板等材料。

2.3.2　模板支撑支架安全管理与维护

　　模板支撑支架安全管理与维护的要求如下。

　　① 工地临时用电需要根据现行行业标准《施工现场临时用电安全技术规范》（JGJ 46—2005）等有关规定执行。

　　② 模板支撑支架搭设、拆除人员，需要经考试合格后持证上岗。

　　③ 模板支撑支架搭设、拆除人员作业时必须戴安全帽、系安全带、穿防滑鞋。

　　④ 支撑结构作业层上施工荷载不得超过设计允许荷载。

　　⑤ 混凝土浇筑过程中，需要派专人观测模板支撑支架的工作状态。如果发生异常，观测人员需要及时报告施工负责人。情况紧急时，应迅速撤离施工人员，并进行相应的处理。

　　⑥ 高度 5m 以上的柱、墙等竖向混凝土结构，必须先浇筑，等混凝土达到一定强度后，再浇筑梁、板等水平混凝土构件。

　　⑦ 混凝土梁施工，一般要从跨中向两端对称进行分层浇筑，并且分层厚度不得大于400mm。

　　⑧ 混凝土楼板施工，一般从中央向四周对称分层浇筑。楼板局部混凝土堆置高度不得超过楼板厚度 100mm，以确保均匀加载，避免局部超载偏心作用使架体倾斜失稳。

　　⑨ 模板支撑支架使用期间，严禁擅自拆除架体结构杆件。如果需拆除，则必须经审批。

　　⑩ 严禁在模板支撑支架基础或者开挖深度影响范围内进行挖掘等有关危害作业。

　　⑪ 模板支撑支架拆除时，需要注意对轮扣盘、端插头的保护。

　　⑫ 拆除的模板支撑支架构件，需要安全传递到地面，严禁抛掷。

　　⑬ 在模板立架上进行电气焊作业时，必须有防火措施与专人监护。

2.4　轮扣模板支撑支架

2.4.1　轮扣模板支撑支架基础知识

　　轮扣模板支撑支架系统，是没有专门的锁紧零件、没有活动零件、能够双向自锁、可以自由调节、受力合理、可标准化包装的一种钢管支撑支架。

　　轮扣式钢管支撑支架，由立杆、横杆、焊接在立杆上的轮扣盘、插头、保险销等构件组成，立杆采用套管承插连接，横杆采用端插头

轮扣模板支撑
支架基础知识

插入立杆上的轮扣盘，并且用保险销固定，形成结构几何不变体系的一种钢管支撑支架。轮扣模板支撑支架如图 2-11 所示。

图2-11　轮扣模板支撑支架

剪刀撑框架式支撑结构与论证要求如图2-12所示。

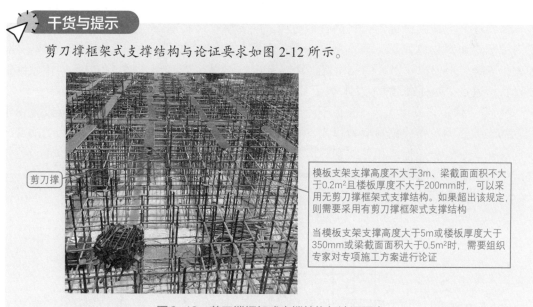

图2-12　剪刀撑框架式支撑结构与论证要求

2.4.2　支撑支架剪刀撑的特点与要求

支撑支架剪刀撑的特点与要求如下。

① 剪刀撑的斜杆接长一般采用搭接形式，搭接长度不小于1m，并且应采用不少于2个旋转扣件等距离固定好，端部扣件盖板边缘离杆端距离一般不小于100mm。扣件螺栓的拧紧力矩不小于40N·m，且不应大于65N·m。

② 每对剪刀撑斜杆一般分开设置在立杆的两侧。

③ 模板支撑支架的剪刀撑，可以采用扣件式钢管进行搭接。

④ 模板支撑支架水平杆步距需要满足设计要求，顶部步距要比标准步距缩小一个轮扣节点间距。

⑤ 竖向剪刀撑的布置要求如下。

a. 模板支撑支架外侧周圈，需要连续布置竖向剪刀撑。

b. 模板支撑支架中间需要在纵向、横向分别连续布置竖向剪刀撑。竖向剪刀撑间隔不大于 6 跨，并且宽度不大于 6m。

c. 竖向剪刀撑杆件底端需要与垫板或地面顶紧，倾斜角度一般为 45°～60°，并且采用旋转扣件每步与立杆固定，旋转扣件宜靠近主节点，中心线与主节点的距离不宜大于 150mm。

⑥ 模板支撑支架高度超过 5m 时需要设水平剪刀撑，需要符合的一些要求如下。

a. 底步需要连续设置水平剪刀撑。

b. 顶步必须连续设置水平剪刀撑。

c. 水平剪刀撑的间隔层数不应大于 6 跨且不大于 6m。

d. 水平剪刀撑需要采用旋转扣件每步与立杆固定，并且旋转扣件宜靠近主节点。

⑦ 搭设高度不大于 5m 的满堂模板支撑支架，当与周边结构无可靠拉结时，架体外周、内部需要在竖向连续设置轮扣式钢管剪刀撑，或者用扣件式钢管剪刀撑连接。轮扣式钢管剪刀撑示意如图 2-13 所示。竖向剪刀撑的间距和单幅剪刀撑的宽度一般宜为 5～8m，并且不大于 6 跨。剪刀撑与横杆的夹角宜为 45°～60°。架体高度大于 3 倍步距时，架体顶部需要设置一道水平扣件式钢管剪刀撑，并且剪刀撑要延伸到周边。

⑧ 当架体搭设高度大于 5m 且不超过 8m 时，需要在中间纵横向每隔 4～6m 设置由下到上的连续竖向轮扣式钢管剪刀撑或者扣件式钢管剪刀撑，同时四周设置由下到上的连续竖向轮扣式钢管剪刀撑或扣件式钢管剪刀撑，在顶层、底层、中间层每隔 4 个步距设置扣件式钢管水平剪刀撑。

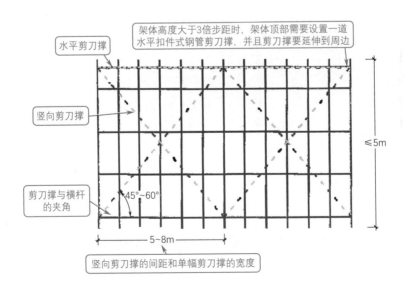

图2-13　轮扣式钢管剪刀撑示意

⑨ 模板支撑架的高宽比不宜大于 3。如果高宽比大于 3，则在架体的周边、内部通过计算确定水平间隔的距离、竖向间隔的距离，并且设置连墙件与建筑结构进行拉结。如果无法设置连墙件，则应设置钢丝绳张拉固定等措施进行拉固处理。

⑩ 模板支撑架立杆顶层横杆到模板支撑点的高度一般不大于 650mm，丝杆外露长度一般不大于 300mm，可调托撑插入立杆长度一般不小于 150mm，如图 2-14 所示。

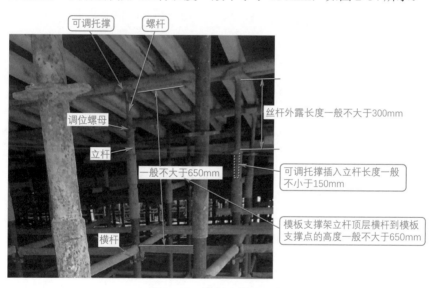

图2-14　模板支撑的要求

⑪ 模板支撑支架可调底座调节丝杆外露长度一般不大于 200mm，最底层横杆离地高度一般不大于 500mm。

⑫ 一般需要设置纵向扫地杆和横向扫地杆，并且扫地杆高度一般不超过 550mm。

2.4.3　高大模板支撑系统的构造要点

高大模板支撑系统的构造要点如下。

① 高大模板支撑系统立杆的纵横杆间距、步距,需要根据受力计算来确定,并且满足轮扣横杆、立杆的模数关系。步距一般不宜大于 1.2m,并且顶层横杆与底模距离不应大于650mm。

② 同一区域的立杆纵向间距一般要成倍数关系,并且根据先主梁、再次梁、后楼板的顺序排列,使梁板架体通过横杆和纵横拉结形成整体。模数不匹配位置,需要确保横杆两侧延伸至少扣接两根轮扣立杆。

③ 架体高度大于 8m 时,高大模板支撑系统的顶层横杆步距宜比中间标准步距缩小一个轮扣间距。

④ 架体高度大于 20m 时,顶层两步横杆均宜缩小一个轮扣间距。

⑤ 高支模的水平拉杆,需要根据水平间距 6~9m、竖向每隔 2~3m 与周边结构墙柱、梁采取抱箍、顶紧等措施,以加强抗倾覆能力。

⑥ 模板安装前,需要对立杆基础进行平整,对承载力进行检测。

⑦ 模板安装前,需要采取有关排水措施。

⑧ 连续搭设高大模板支撑系统时,需要分析多层楼板间荷载传递对架体、楼板结构的承载力要求,计算确定支承楼板的层数,并且使上下楼层架体立杆保持在同一垂直线上,以便荷载能安全地向下传递,保证支承层的承载力满足要求。

⑨ 模板支撑架搭设完毕后,需要组织相关人员验收。验收合格后,才可以进入下一工序施工。

⑩ 支承层架体拆除,需要考虑上层荷载的影响,必要时保留部分支顶后再拆或加设回头顶等措施。

⑪ 支模拆除的顺序,一般是先拆除非承重模板,后拆除承重模板。

2.4.4 模板支撑支架的检查验收

模板支撑支架搭设前的检查与验收要求见表 2-8。模板支撑支架搭设完成后的检查与验收要求见表 2-9。

表2-8 模板支撑支架搭设前的检查与验收要求

项目	要求	允许偏差/mm	检验法
排水	有排水措施、不积水	—	观察法
垫板	应平整、无翘曲,不得采用已开裂垫板	—	观察法
	厚度符合要求	±5	钢卷尺量
	宽度	−20	钢卷尺量
地基承载力	满足承载能力要求	—	检查计算书、地质勘察报告
平整度	场地应平整	10	水准仪测量

表2-9 模板支撑支架搭设完成后的检查与验收要求

项目		要求	允许偏差	检查法
立杆垂直度	—	—	1.5‰	经纬仪或吊线
水平杆水平度	—	—	3‰	水平尺
水平杆抗拔力	—	不小于 1.2kN	—	测力计
构造要求(剪刀撑)	—	按规程要求	—	—

项目		要求	允许偏差	检查法
杆件间距	步距	—	±10mm	钢卷尺
	纵、横距	—	±5mm	钢卷尺

2.5 门式钢管支撑支架

2.5.1 门式钢管支撑支架基础知识

门式钢管支撑支架一般是以门架、连接棒、交叉支撑、水平架、锁臂、底座等组成基本结构，再以水平加固杆、剪刀撑、扫地杆加固，能够承受相应荷载，具有安全防护功能。

门式钢管支撑支架常用术语解释见表2-10。

表2-10 门式钢管支撑支架常用术语解释

术语	解释
底座	底座又叫做底托、底撑。底座是安插在门架立杆下端，将力传给基础的构件，其可以分为可调底座和固定底座
调节架	调节架是用于调整架体高度的梯形架，其高度一般为600~1200mm，宽度与门架相同
挂扣式脚手板	挂扣式脚手板是两端设有防松脱的挂钩，其可以紧扣在两榀门架横杆上的定型钢制脚手板
加固杆	加固杆是用于增强脚手架刚度而设置的杆件。加固杆包括剪刀撑、斜撑杆、水平加固杆、扫地杆
交叉支撑	交叉支撑就是两榀相邻门架纵向连接的交叉拉杆
连接棒	连接棒是用于门架立杆竖向组装的连接件，其可以用短钢管制作
连墙件	连墙件是将脚手架与建筑结构可靠连接，并能够传递拉力和压力的一种构件
门架	门架是门式支撑支架的主要构件，其受力杆件为焊接钢管，一般是由立杆、横杆、加强杆、锁销等相互焊接组成的门字形框架式结构件
门架步距	门架步距是门式支撑支架竖向相邻两榀门架横杆间的距离，其值为门架高度与连接棒凸环高度之和
门架跨距	门架跨距就是沿垂直于门架平面方向排列的相邻两榀门架间的距离，其值为相邻两榀门架立杆中心距离
门架列距	门架列距是沿门架平面方向排列的相邻两列门架间的距离，其值为两列门架的中心距离
配件	配件包括连接棒、交叉支撑、水平架、锁臂、挂扣式脚手板、底座、托座等
水平加固杆	水平加固杆简称水平杆。水平加固杆是设置在架体层间门架的立杆上，用于加强架体水平向连接、增强架体整体刚度的水平杆件
水平架	水平架是两端设有防松脱的挂钩，其可以紧扣在两榀门架横梁上的定型水平构件
锁臂	锁臂是门架立杆组装接头处的拉接件，其两端有圆孔挂于上下榀门架的锁销上
锁销	锁销是用于门架组装时挂扣交叉拉杆与锁臂的锁柱，以短圆钢围焊在门架立杆上，其外端有可旋转90°的卡销
托座	托座又叫做顶托、顶撑。托座是插放在门架立杆上端，承接上部荷载的构件。托座可以分为可调托座、固定托座
支撑支架高度	支撑支架高度就是自门架立杆底座下皮到架体顶部栏杆（支撑支架为顶部门架水平横杆）上皮间的垂直距离

2.5.2　门式钢管支撑支架立柱的要求

门式钢管脚手架做支撑支架立柱时（即门式钢管支撑支架），需要符合的一些规定如下。

① 当露天门架支撑支架立柱为群柱架时，高宽比不应大于5。如果高宽比大于5，则必须使用缆风绳保证宽度方向的稳定。

② 荷载宜直接作用在门架两边立杆的轴线上，必要时可设横梁将荷载传于两立杆顶端，并且需要根据单榀门架进行承力来计算。

③ 几种门架混合使用时，需要取支承力最小的门架作为设计等依据。

④ 门架使用可调支座时，调节螺杆伸出长度不得大于150mm。

⑤ 门架结构在相邻两榀间，需要设工具式交叉支撑，使用的交叉支撑线刚度应满足如下公式要求。

$$\frac{I_b}{L_b} \geqslant 0.03\frac{I}{h_0}$$

式中　I_b——剪刀撑的截面惯性矩；

　　　L_b——剪刀撑的压曲长度；

　　　I——门架的截面惯性矩；

　　　h_0——门架立杆高度。

2.6　扣件式钢管支撑支架

2.6.1　扣件式钢管支撑支架基础知识

扣件式钢管支撑支架，主要构配件就是钢管和扣件。其中，扣件就是采用螺栓紧固的扣接连接件。常见的扣件包括旋转扣件、对接扣件、直角扣件等。扣件有防滑扣件和普通扣件之分。其中，防滑扣件就是根据抗滑要求增设的非连接用途的一种扣件。

满堂扣件式钢管支撑支架，就是在纵方向、横方向，由不少于三排立杆并与水平杆、水平剪刀撑、竖向剪刀撑、扣件等构成的一种脚手架。

2.6.2　扣件式钢管支撑支架荷载的分类

扣件式钢管支撑支架荷载的分类见表2-11。

表2-11　扣件式钢管支撑支架荷载的分类

分类	种类	荷载
永久荷载	满堂支撑架	架体结构自重——包括立杆、横向水平杆、剪刀撑、纵向水平杆、可调托撑、扣件等的自重
		构件、配件及可调托撑上主梁、次梁、支撑板等的自重
可变荷载	满堂支撑架	作业层上的人员、设备等的自重
		结构构件、施工材料等的自重
		风荷载

干货与提示

满堂支撑支架上荷载标准值取值需要符合的规定要求如下。

① 永久荷载与可变荷载（不含风荷载）标准值总和不大于 4.2kPa 时，施工均布荷载标准值需要根据有关表格来采用。

② 永久荷载与可变荷载（不含风荷载）标准值总和大于 4.2kPa 时，需要符合的要求如图 2-15 所示。

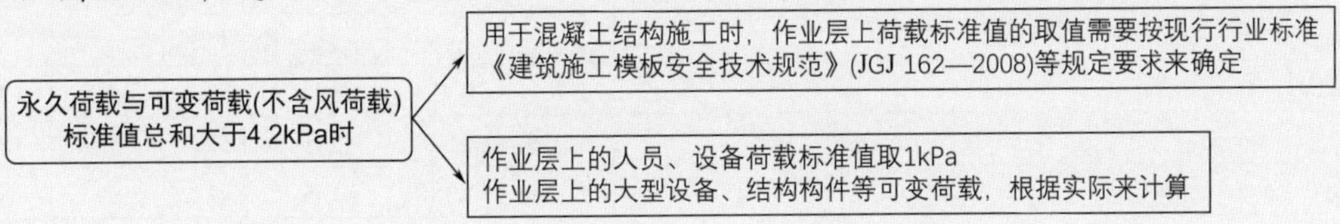

```
┌─────────────────────┐        ┌──────────────────────────────────────────┐
│ 永久荷载与可变荷载(不含风荷载) │───────▶│ 用于混凝土结构施工时，作业层上荷载标准值的取值需要按现行行业标准    │
│ 标准值总和大于4.2kPa时      │        │ 《建筑施工模板安全技术规范》(JGJ 162—2008)等规定要求来确定   │
└─────────────────────┘        └──────────────────────────────────────────┘
                                ┌──────────────────────────────────────────┐
                                │ 作业层上的人员、设备荷载标准值取1kPa              │
                                │ 作业层上的大型设备、结构构件等可变荷载，根据实际来计算    │
                                └──────────────────────────────────────────┘
```

图2-15　满堂支撑支架上荷载取值要求

2.6.3　满堂支撑支架的基本要求

满堂支撑支架的基本要求如下。

① 满堂支撑支架步距与立杆间距，一般不宜超过按表 2-12 计算所得的上限值。立杆伸出顶层水平杆中心线到支撑点的长度一般不得超过 0.5m。

表2-12　满堂支撑支架立杆计算长度系数

步距/m	立杆间距/m			
	0.9 × 0.9	1.0 × 1.0	1.2 × 1.2	1.3 × 1.3
	高宽比不大于2	高宽比不大于2	高宽比不大于2	高宽比不大于2
	最少跨数5	最少跨数4	最少跨数4	最少跨数4
0.9	3.482	3.571	—	—
1.2	2.758	2.825	2.971	3.011
1.5	2.335	2.377	2.505	2.569
1.8	2.017	2.079	2.176	—

注：1.步距两级间计算长度系数根据线性插入值计取。

2.立杆间距两级之间，纵向间距与横向间距不同时，计算长度系数根据较大间距对应的计算长度系数取值。立杆间距两级之间值，计算长度系数取两级对应的较大的 μ 值（即计算长度系数值）。

3.如果高宽比超过表中规定的情况，则要求按高宽比相同等要求执行。

② 满堂支撑支架搭设高度，一般不宜超过 30m。

③ 竖向剪刀撑斜杆与地面的倾角一般为 45°～60°。水平剪刀撑与支撑支架纵（或横）向夹角一般为 45°～60°。

④ 满堂支撑支架的可调底座、可调托撑螺杆伸出长度一般不宜超过 300mm，插入立杆内的长度一般不得小于 150mm。

⑤ 当满堂支撑支架高宽比不满足表 2-13～表 2-16 的规定（高宽比大于 2 或 2.5）时，满堂支撑支架需要在支撑支架的四周、中部与结构柱之间进行刚性连接，并且连墙件水平间距一般为 6～9m，竖向间距一般为 2～3m。无结构柱部位需要采取预埋钢管等措施与建筑结构进行刚性连接。有空间部位，满堂支撑支架需要超出顶部加载区投影范围向外延伸布置 2～3 跨。支撑支架高宽比不应大于 3。

表2-13　满堂支撑支架（剪刀撑设置普通型）立杆计算长度系数 μ_1

步距/m	立杆间距/m											
	0.4 × 0.4		0.6 × 0.6		0.75 × 0.75		0.9 × 0.9		1.0 × 1.0		1.2 × 1.2	
	高宽比不大于2.5		高宽比不大于2.5		高宽比不大于2		高宽比不大于2		高宽比不大于2		高宽比不大于2	
	最少跨数8		最少跨数5		最少跨数5		最少跨数5		最少跨数4		最少跨数4	
	$a=0.5m$	$a=0.2m$	$a=0.5m$	$a=0.2m$	$a=0.5m$	$a=0.2m$	$a=0.5m$	$a=0.2m$	$a=0.5m$	$a=0.2m$	$a=0.5m$	$a=0.2m$
0.6	1.839	2.846	1.839	2.846	1.629	2.526	1.699	2.622	—	—	—	—
0.9	—	—	1.599	2.251	1.422	2.005	1.473	2.066	1.532	2.153	—	—
1.2	—	—	—	—	1.257	1.669	1.301	1.719	1.352	1.799	1.403	1.869
1.5	—	—	—	—	—	—	1.215	1.540	1.241	1.574	1.298	1.649
1.8	—	—	—	—	—	—	1.131	1.388	1.165	1.432	—	—

注：1. 步距两级间计算长度系数根据线性插入值计取。

2. 立杆间距0.9m×0.6m计算长度系数，同立杆间距0.75m×0.75m计算长度系数，高宽比不变，最小宽度4.2m。

3. 立杆间距两级之间，纵向间距与横向间距不同时，计算长度系数根据较大间距对应的计算长度系数取值。立杆间距两级之间值，计算长度系数取两级对应的较大的 μ 值（即计算长度系数值）。

4. 如果高宽比超过表中规定的情况，则需要按高宽比相同等要求执行。

表2-14　满堂支撑支架（剪刀撑设置加强型）立杆计算长度系数 μ_1

步距/m	立杆间距/m											
	0.4 × 0.4		0.6 × 0.6		0.75 × 0.75		0.9 × 0.9		1.0 × 1.0		1.2 × 1.2	
	高宽比不大于2.5		高宽比不大于2.5		高宽比不大于2		高宽比不大于2		高宽比不大于2		高宽比不大于2	
	最少跨数8		最少跨数5		最少跨数5		最少跨数5		最少跨数4		最少跨数4	
	$a=0.5m$	$a=0.2m$	$a=0.5m$	$a=0.2m$	$a=0.5m$	$a=0.2m$	$a=0.5m$	$a=0.2m$	$a=0.5m$	$a=0.2m$	$a=0.5m$	$a=0.2m$
0.6	1.497	2.3	1.497	2.3	1.477	2.284	1.556	2.395	—	—	—	—
0.9	—	—	1.294	1.818	1.285	1.806	1.352	1.903	1.377	1.94	—	—
1.2	—	—	—	—	1.168	1.546	1.204	1.596	1.233	1.636	1.269	1.685
1.5	—	—	—	—	—	—	1.091	1.386	1.123	1.427	1.174	1.494
1.8	—	—	—	—	—	—	1.031	1.269	1.059	1.305	1.099	1.355

注：1. 步距两级之间计算长度系数根据线性插入值计取。

2. 立杆间距两级之间，纵向间距与横向间距不同时，计算长度系数根据较大间距对应的计算长度系数取值。立杆间距两级之间值，计算长度系数取两级对应的较大的 μ 值（即计算长度系数值）。

3. 如果高宽比超过表中规定的情况，则需要按高宽比相同等要求执行。

表2-15　满堂支撑支架（剪刀撑设置普通型）立杆计算长度系数 μ_2

步距/m	立杆间距/m					
	0.4 × 0.4	0.6 × 0.6	0.75 × 0.75	0.9 × 0.9	1.0 × 1.0	1.2 × 1.2
	高宽比不大于2.5	高宽比不大于2.5	高宽比不大于2	高宽比不大于2	高宽比不大于2	高宽比不大于2
	最少跨数8	最少跨数5	最少跨数5	最少跨数5	最少跨数4	最少跨数4
0.6	4.744	4.744	4.211	4.371	—	—
0.9	—	3.251	2.896	2.985	3.109	—
1.2	—	—	2.225	2.292	2.399	2.492
1.5	—	—	—	1.951	1.993	2.089
1.8	—	—	—	1.697	1.75	—

注：1. 步距两级之间计算长度系数根据线性插入值计取。

2. 立杆间距两级之间，纵向间距与横向间距不同时，计算长度系数根据较大间距对应的计算长度系数取值。立杆间距两级之间值，计算长度系数取两级对应的较大的 μ 值（即计算长度系数值）。

3. 如果高宽比超过表中规定的情况，则需要按高宽比相同等要求执行。

表2-16　满堂支撑支架（剪刀撑设置加强型）立杆计算长度系数 μ_2

步距/m	立杆间距/m					
	0.4×0.4	0.6×0.6	0.75×0.75	0.9×0.9	1.0×1.0	1.2×1.2
	高宽比不大于2.5	高宽比不大于2.5	高宽比不大于2	高宽比不大于2	高宽比不大于2	高宽比不大于2
	最少跨数8	最少跨数5	最少跨数5	最少跨数5	最少跨数4	最少跨数4
0.6	3.833	3.833	3.806	3.991	—	—
0.9	—	2.626	2.608	2.749	2.802	—
1.2	—	—	2.062	2.128	2.181	2.247
1.5	—	—	—	1.755	1.808	1.893
1.8	—	—	—	1.551	1.595	1.656

注：1.步距两级之间计算长度系数根据线性插入值计取。

2.立杆间距两级之间，纵向间距与横向间距不同时，计算长度系数根据较大间距对应的计算长度系数取值。立杆间距两级之间值，计算长度系数取两级对应的较大的 μ 值（即计算长度系数值）。

3.如果高宽比超过表中规定的情况，则要求按高宽比相同等要求执行。

2.6.4　普通型满堂支撑支架剪刀撑

满堂支撑支架需要根据架体的类型设置普通型剪刀撑，其需要符合的一些规定如下。

① 在架体外侧周边、内部纵向（横向）每5～8m，要从底到顶设置连续竖向剪刀撑，并且剪刀撑宽度一般为5～8m。

② 在竖向剪刀撑顶部交点平面，需要设置连续水平剪刀撑。支撑高度超过8m，或者集中线荷载大于20kN/m的支撑架，或者施工总荷载大于15kPa，扫地杆的设置层需要设置水平剪刀撑。水平剪刀撑到架体底平面距离与水平剪刀撑间距，一般不宜超过8m（图2-16）。

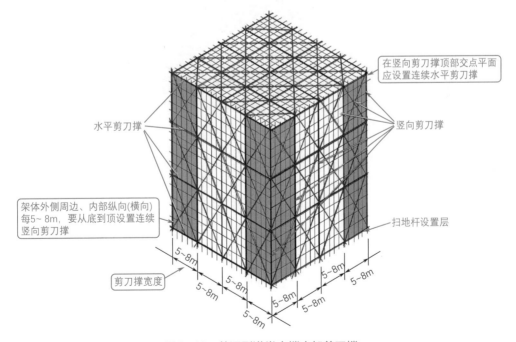

图2-16　普通型满堂支撑支架剪刀撑

2.6.5 加强型满堂支撑支架剪刀撑

满堂支撑支架需要根据架体的类型设置加强型剪刀撑，其需要符合的一些规定如下。

① 竖向剪刀撑顶部交点平面，需要设置水平剪刀撑。

② 立杆纵间距、横间距为（0.9m×0.9m）～（1.2m×1.2m）时，在架体外侧周边、内部纵向每4跨、内部横向每4跨（并且不大于5m），需要从底到顶设置连续竖向剪刀撑，并且剪刀撑宽度一般为4跨。

③ 立杆纵间距、横间距为（0.4m×0.4m）～（0.6m×0.6m）（包括0.4m×0.4m）时，在架体外侧周边、内部纵向每3～3.2m、横向每3～3.2m，需要从底到顶设置连续竖向剪刀撑，并且剪刀撑宽度一般为3～3.2m。

④ 立杆纵间距、横间距为（0.6m×0.6m）～（0.9m×0.9m）（包括0.6m×0.6m、0.9m×0.9m）时，在架体外侧周边、内部纵向每5跨、内部横向每5跨（并且不小于3m），需要从底到顶设置连续竖向剪刀撑，并且剪刀撑宽度一般为5跨。

⑤ 扫地杆设置层水平剪刀撑的设置需要符合有关规定。水平剪刀撑到架体底平面距离与水平剪刀撑间距，一般不宜超过6m。剪刀撑宽度一般为3～5m，如图2-17所示。

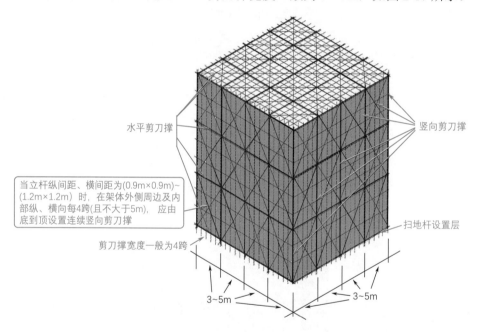

图2-17 加强型剪刀撑

第2篇

提 高 篇

第3章

木模板

3.1 木模板基础知识

3.1.1 木模板的特点、类型与规格

扫一扫

木模板的特点、类型与规格

木模板，一般是先加工成基本元件——拼板，然后现场进行拼装。木模板拼板一般由板条、拼条组成。有的木模板是一块木面板，需要根据现场尺寸进行裁切组拼，如图 3-1 所示。

> 建筑木模板主要是在现场进行拼装
> 木板条厚度一般为25~50mm，宽度不宜超过2000mm，这样才能保证干缩时缝隙均匀
> 当荷载增大时，建筑模板也需加强

图3-1　木模板（木板块、面板）

木模板拼板的结构如图 3-2 所示。墙柱板、梁侧模板一般为≥18mm 的厚木模板或竹夹板。梁底模板一般厚度≥18mm，梁底至少加 2 根同规格木方。楼板一般采用 50mm×100mm 或 50mm×70mm 的标准过刨木方或方钢。墙柱常见竖楞，可以采用槽钢、方钢或 50mm×100mm 的标准过刨木方。

常见木模板（面板）尺寸规格有 915mm×1830mm、1220mm×2440mm、1200mm×2400mm、900mm×1800mm 等；厚度有 12mm、15mm、18mm 等。木模板面板是使混凝土成型的部分。

木模板，有的侧面用油漆刷成了红色与黑色。滑动模板，有的表面采用了带颜色的膜纸。

建筑胶合板模板主要有木胶合板、竹胶合板。其中，木胶合板具有重量轻、加工容易、周转次数多等特点。竹胶合板具有在强度、刚度、硬度性能方面比木材好等特点。

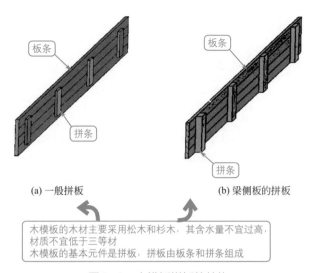

(a) 一般拼板　　　　　　(b) 梁侧板的拼板

木模板的木材主要采用松木和杉木，其含水量不宜过高，
材质不宜低于三等材
木模板的基本元件是拼板，拼板由板条和拼条组成

图3-2　木模板拼板的结构

木质建筑模板属于一种人造建筑模板。常用的木质建筑模板有三合板、五合板、九夹板等。木质建筑模板在加热或不加热条件下均可压制而成。木质建筑模板层数多为奇数，少量为偶数。

建筑红板（模板）有 915mm×1830mm×（10～16mm）等规格，芯板层数为7～10层不等，胶有三聚氰胺胶、酚醛胶等类型。

1220mm×2440mm 高层建筑模板（红板）的常见厚度有 12mm、13mm、14mm、15mm、16mm，或者定制厚度。

1830mm×915mm 高层建筑模板（红板）的常见厚度有 11mm、12mm、13mm、14mm、15mm、16mm，或者定制厚度。

建筑用覆膜板，俗称建筑模板、清水模板，专业术语为混凝土模板用胶合板。清水模板是由一些木材制成的板块，具有抗压、抗腐蚀等特点。对于一些小尺寸的模板，如果需连接，则应尽量降低缝隙的数量，以增强产品的使用质量。清水模板常见规格有 1830mm×915mm×（9.3～18mm）、1220mm×2440mm×（10～18mm），或者定制规格等，有红色、黑色等定制颜色，有松树、桉树等建筑模板材质，有酚醛树脂胶、三聚氰胺胶等建筑模板胶水。

酚醛胶面与铁红面建筑木模板外观上的差异如下。

① 酚醛胶面润滑，铁红面不润滑。

② 酚醛胶面一般是黑色，铁红面是近赤色。

③ 酚醛胶是以苯酚、甲醛为主要原料。

覆膜板常见的规格有 1830mm×915mm×（11～16mm）、1220mm×2440mm×（12～16mm）、1830 mm×915 mm×（12～16mm）、1220mm×2440mm×（13～16mm）等。

干货与提示

木质建筑模板主要的特点：材质轻、易弯曲成型、保温性能好、锯截方便、承载力强、板幅大、板面平整等。木质建筑模板的热导率远小于钢模板的热导率，有利于冬天施工。

3.1.2 胶合板模板的允许偏差

胶合板模板厚度允许偏差要求见表3-1。胶合板模板两对角线长度之差的允许偏差要求见表3-2。

表3-1 胶合板模板厚度允许偏差要求   单位：mm

公称厚度	平均厚度与公称厚度间允许偏差	每张板内厚度最大允许偏差
≥12～<15	±0.5	0.8
≥15～<18	±0.6	1
≥18～<21	±0.7	1.2
≥21～<24	±0.8	1.4

表3-2 胶合板模板两对角线长度之差的允许偏差要求   单位：mm

胶合板公称长度	两对角线长度之差的允许偏差
≤1220	3
>1220～≤1830	4
>1830～≤2135	5
>2135	6

注：对角线差的检测方法为用钢卷尺测量两对角线长度之差。

干货与提示

使用后的木模板，需要拔除铁钉，分类进库，整齐堆放。如果露天堆放，则顶面需要遮盖防雨篷布。

3.2 木模板的材料与配件

3.2.1 木工字梁的特点、规格与结构

混凝土模板用木工字梁的特点、规格与结构如图3-3所示。

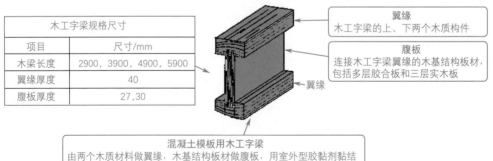

木工字梁规格尺寸	
项目	尺寸/mm
木梁长度	2900，3900，4900，5900
翼缘厚度	40
腹板厚度	27，30

翼缘
木工字梁的上、下两个木质构件

腹板
连接木工字梁翼缘的木基结构板材，包括多层胶合板和三层实木板

翼缘

混凝土模板用木工字梁
由两个木质材料做翼缘，木基结构板材做腹板，用室外型胶黏剂黏结的混凝土模板支撑用工字形木梁，简称木工字梁

图3-3 混凝土模板用木工字梁的特点、规格与结构

3.2.2 建筑模板胶合板的类型与区别

建筑模板胶合板，有酚醛胶建筑木板、三聚氰胺胶建筑木板等类型。酚醛胶建筑木板

与三聚氰胺胶建筑木板的区别如下。

① 防水性能——酚醛胶建筑木板的防水性一般比三聚氰胺胶建筑木板要好。

② 生产工艺——酚醛胶建筑木板，用料严格，芯材越干越好，制作周期长，均是二次热压成型的。

③ 实验胶合度——酚醛胶建筑木板在沸水里煮24h不开胶，三聚氰胺胶建筑木板在沸水里煮5h不开胶。

④ 使用次数——酚醛胶建筑木板能翻用大约10次以上，三聚氰胺胶建筑木板能翻用大约7次。

⑤ 质量——一般酚醛胶建筑木板比三聚氰胺胶建筑木板的质量好。

3.2.3　建筑模板胶合板的安装与拆卸

建筑模板胶合板的安装与拆卸要点见表3-3。

表3-3　建筑模板胶合板的安装与拆卸要点

项目	操作要点
安装	(1) 安装时，可以在操作地点逐块安装 (2) 建筑模板胶合板一般为长方形。为了安装方便、符合方木间距的模数，建筑模板胶合板可以竖向使用 (3) 安装时，先将整张建筑模板胶合板放在墙板下部，再把小块建筑模板胶合板即非标准模板放在墙板的上部
拆卸	(1) 建筑模板胶合板一般根据配板设计的规定进行，并且遵循先支后拆 (2) 拆模时，严禁用大锤、撬棍硬砸硬撬 (3) 先拆除侧模，再拆除承重模 (4) 组合大模板一般宜整体拆除 (5) 支撑件、连接件一般需要逐件拆卸。模板一般应逐块拆卸传递，严禁高空抛扔 (6) 拆除时，不得损坏模板与混凝土 (7) 模板拆除时，要注意施工安全

> **干货与提示**
>
> 模板锯边、裁板、钉钉、打孔时的一些注意事项如下。
>
> ① 第一次使用建筑模板时，要使用100齿以上的合金锯片及带有轨道的锯边机进行裁板。
>
> ② 如果需要形状大小不一的建筑模板时，可以使用手提电锯进行裁切。
>
> ③ 所有出厂模板的边缘，均应用封边漆封边，以减少水分的渗透。
>
> ④ 现场模板裁切、打孔后，所有的切割边缘、孔的边缘，均需要涂上合适的防水油漆，以防模板吸水而变形开裂。
>
> ⑤ 模板上钉钉或者打孔时，必须在模板下方垫上木方，以防由于悬空造成模板背面出现劈痕。

3.2.4　木方的应用

木方在木模板中可以做拼条、背楞等，如图3-4所示。木方的规格与特点，由于在前面已经详细介绍过，在此不再赘述。

木方的应用

扫一扫

> **干货与提示**
>
> 建筑工地上，剪力墙结构、框剪结构的模板支撑，多数采用的是以方木作为竖杠，用两根钢管做横杠，同时用穿墙螺栓、"3"形卡紧固的一种支撑体系。

图3-4 木方

3.2.5 木模板支撑支架的要求

扫一扫

木模板支撑
支架的要求

木模板支撑支架的要求如图 3-5 所示。木模板支撑支架也可以采用扣件式钢管支撑支架、轮扣式钢管支撑支架等，具体可以参阅本书第 2 章相关内容。

管架
±0.000以上楼板支撑体系采用装配式钢管架、碗扣钢管架、可调钢管架等作为模板支撑体系；不得使用门式支撑架

(a) 模板支撑支架的管架要求

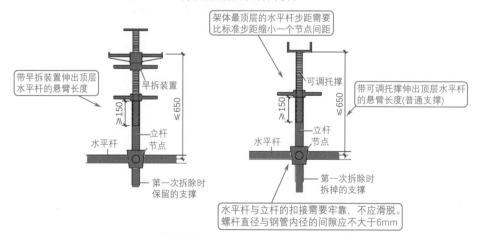

架体最顶层的水平杆步距需要比标准步距缩小一个节点间距

带早拆装置伸出顶层水平杆的悬臂长度

早拆装置

≥150

≤650

立杆

节点

水平杆

第一次拆除时保留的支撑

可调托撑

带可调托撑伸出顶层水平杆的悬臂长度(普通支撑)

≥150

≤650

立杆

节点

水平杆

第一次拆除时拆掉的支撑

水平杆与立杆的扣接需要牢靠，不应滑脱。螺杆直径与钢管内径的间隙应不大于6mm

(b) 模板支撑支架早拆装置与可调托撑的要求

(c) 模板支撑支架实际应用

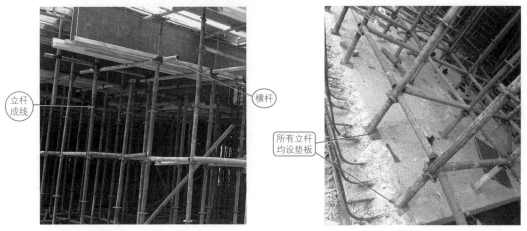

(d) 模板支撑支架立杆、横杆要求　　　　　　(e) 模板支撑支架立杆设垫板要求

图3-5　木模板支撑支架的要求

干货与提示

　　±0.000以上楼板支撑体系一般采用钢管架，不得使用门式支撑架作为支撑体系。碗扣钢管架、可调钢管架、扣件式钢管架，均可以作为模板支撑架。

3.2.6　对拉螺栓的特点和应用

　　对拉螺栓，也叫做对拉螺杆、穿墙螺栓。木模板对拉螺栓的应用如图3-6所示。对拉螺栓主要用于墙体模板内、外侧模板间的拉结，能够承受混凝土的侧压力与其他荷载，确保内、外侧模板的间距能够满足设计要求，同时其也是模板与其支撑结构的支点。因此对拉螺栓的布置对模板结构的整体性、刚度和强度影响很大。

对拉螺栓的
特点和应用

扫一扫

　　对拉螺栓一般用长度为0.75m、直径为14mm的钢筋加工成成品，其一般采用两端套丝的圆钢螺栓，也有用扁钢两端留长孔用楔形铁插入固定楔紧。有的对拉螺栓是一次性投入，有的项目采用塑料套管穿对拉螺栓施工工艺。

对拉螺栓应采用粗牙螺纹

对拉螺栓主要用于墙体模板内、外侧模板间的拉结，能够承受混凝土的侧压力与其他荷载，确保内、外侧模板的间距能够满足设计要求，同时其也是模板与其支撑结构的支点

图3-6 木模板对拉螺栓的应用

钢结构连接用螺栓性能等级分为3.6、4.6、4.8、5.6、6.8、8.8、9.8、10.9、12.9等十余个等级，其中8.8级及以上螺栓材质为低碳合金钢或中碳钢并经处理（淬火，回火），通称为高强度螺栓，其余通称为普通螺栓。

干货与提示

对拉螺栓打滑的一些原因如下。

① 对拉螺栓承受的拉应力超过螺栓与拉杆所能承受的应力极限值。

② 没有根据结构形式和受力大小选择强度与尺寸适合的对拉螺栓。

③ 制作对拉螺栓应采用高强度钢材，并增加螺栓与杆件螺纹接触面积，但是，选择的对拉螺栓不符合此要求。

3.3 木模板常见工具和施工顺序

3.3.1 木模板施工常见工具

木模板施工常见工具如图3-7所示。

图3-7 木模板施工常见工具

干货与提示

支模板前，需要先检查使用的工具是否牢固。钉子应放在工具袋内，以免掉落伤人。工作时，还应防止钉子扎脚、空中滑落。

3.3.2 建筑木模板常见施工顺序

建筑木模板常见施工顺序如图3-8所示。

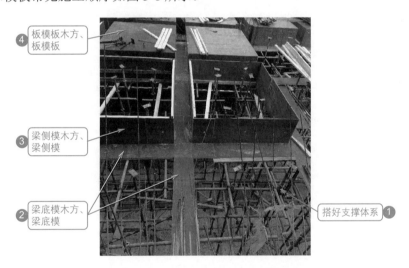

图3-8 建筑木模板常见施工顺序

3.4 基础木模板

3.4.1 独立柱基础木模板的结构和要求

独立柱基础木模板的结构如图3-9所示。使用前，方木需要过刨，以保证截面尺寸一致。阶梯基础模板的每一台阶模板，一般由四块侧板拼钉而成。其中两块侧板的尺寸需要与相应的台阶侧面尺寸相等。另外

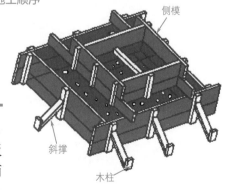

图3-9 独立柱基础木模板的结构

两块侧板长度需要比相应的台阶侧面长度大 150～200mm。侧板高度与其相等即可。

3.4.2 条形基础木模板的结构和要求

条形基础木模板，一般由侧板、斜撑、平撑等组成。侧板可以用长条木板加钉竖向木档拼制而成，也可以用短条木板加横向木档拼制而成。斜撑、平撑一般钉在木桩（或垫木）与木档间。

条形基础分为墙下条形基础和柱下条形基础。立条形基础木模板前，一般步骤是：基槽开挖→浇垫层→扎条形基础钢筋。有的项目条形基础模板采用的是胶合模板，支撑采用木方。模板整条安装后要拉线调直，并且两侧与基槽土壁顶牢。支模完后，需要保持模内清洁，以防掉入砖头、石子、木屑等杂物。同时，也要保护钢筋不受扰动。混凝土浇筑完成 24h 或强度达到 1.2MPa 后，才可以拆除地梁两侧侧模，但是梁底不能拆除。拆除侧模时不能破坏地梁混凝土的观感。

某项目基础模板木方用材情况见表 3-4。

表 3-4　某项目基础模板木方用材情况　　　　　　　单位：mm

基础高度	木方最大间距	木方断面
300	500	50×50
400	500	50×50
500	500	50×75
600	400～500	50×75
700	400～500	50×75

> **干货与提示**
>
> 基础木模板可以采用松木板、杨木板、桉木板等木模。主体梁底模板可以采用松木板等木模。柱模板、楼层模板可以采用机制木模板（九夹板）等。支撑系统可以采用杉原木等。支撑系统拉接可以选择小方木等。木模板及支撑系统不得选用脆性及严重扭曲、受潮变形的木材。

3.5 柱木模板

3.5.1 柱木模板的结构

柱木模板的结构　扫一扫

柱子的特点主要体现为断面尺寸不大而高度较高。为此，柱木模板主要应满足垂直度、柱木模板施工时的侧向稳定性、抵抗混凝土的侧压力、方便灌注混凝土、方便清理垃圾、方便绑扎钢筋等要求。柱木模板如图 3-10 所示。

3.5.2 柱木模板的施工工艺流程

柱木模板的施工工艺流程如图 3-11 所示。

(a) 实物图

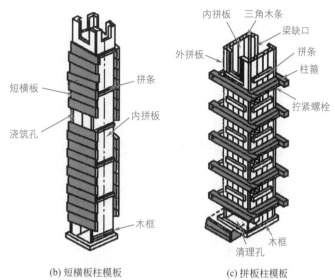

(b) 短横板柱模板

(c) 拼板柱模板

图3-10　柱木模板

图3-11　柱木模板的施工工艺流程

3.5.3　柱木模板施工主要步骤要点

柱木模板施工主要步骤要点见表3-5。

表3-5　柱木模板施工主要步骤要点

步骤	要点
施工准备	（1）模板施工方案、配模计划齐全 （2）安全、技术交底 （3）模板根据放样尺寸制作 （4）拼接相邻两模板表面高低差一般要控制在2mm以内 （5）使用的材料需要满足规范和方案等要求 （6）模板涂刷脱模剂 （7）模板编号、分类、堆放 （8）二次周转使用的模板，使用前清理干净 （9）使用的机具设备准备到位
弹好柱边线、控制线	（1）根据相关图纸，弹好横向轴线、竖向轴线、柱子边线、控制线 （2）柱轴线部位，可以采用红色边长50mm的"△"来标记，并且标写"轴线"字样 （3）可以采用墨线沿着设计柱边位置弹出相应的柱边框线，并且边框线宜两端各延长不少于20cm，以供后面吊线等检查使用 （4）柱边线向外偏移500mm位置，再用墨线平行于柱边线弹好柱控制线
凿混凝土表面浮浆	（1）首先剔凿柱边线范围内的混凝土浮浆，一般以露出均匀的石子即可 （2）有的项目，要求凿毛深度不小于5mm，并且要求剔凿间距控制在20～30mm，以及凿毛要覆盖柱边线内全部范围 （3）剔除的浮浆残渣需要及时清理，并且要用水冲洗干净 （4）需要检查验收，并且要求合格
柱钢筋绑扎、焊接模板下口限位钢筋	（1）支模前，先在柱轮廓线外的200mm位置弹好柱控制线，以供复核柱支模等使用 （2）在柱边线焊接控制筋，并且每个方向两根，或者在柱边线的四个角钻孔打入限位筋

续表

步骤	要点
安装柱模板	（1）根据放线位置，钉好压脚板，再安装好柱模板 （2）柱模板的两个垂直向安装斜拉顶撑 （3）柱根部缝隙封堵需要到位，也可以采用砂浆将柱根部外围封堵。但是，不宜采取下压海绵条、用其他杂物塞填等形式进行 （4）柱子截面内部尺寸一般需要控制在 -5～4mm 内
安装柱箍	（1）根据施工方案选择好柱箍材料 （2）根据施工方案、相关图确定好柱箍间距 （3）柱箍安装要牢靠、稳固 （4）安装柱箍时，需要保证其水平 （5）单边长度超过 500mm 的柱，一般需要考虑设计对拉螺杆加强，并且对拉螺栓直径需要通过计算来确定
校正柱模板垂直度、柱模板的验收	（1）首先复核控制线，再检查垂直度 （2）模板拼缝要严密 （3）层高≤5m 时，模板垂直度偏差一般控制在 6mm 以内 （4）层高＞5m 时，模板垂直度偏差一般控制在 8mm 以内 （5）模板对拉螺杆间距一般不大于 500mm （6）柱根部封堵需要符合相关要求

干货与提示

柱木模板施工主要步骤要点如图 3-12 所示。

混凝土强度小于等于C20时，板、墙保护层厚度为35mm；梁、柱保护层厚度为45mm

混凝土强度为C25或C30时，板、墙保护层厚度为25mm；梁、柱保护层厚度为35mm

混凝土强度大于等于C35时，板、墙保护层厚度为15mm；梁、柱保护层厚度为25mm

具体保护层的厚度，需要根据具体设计图纸来确定

柱钢筋绑扎好，再安装柱模板

图3-12 柱木模板施工主要步骤要点

3.5.4 柱木模板的安装方法和要求

柱木模板的安装方法和要求如下。

① 安装框架柱木模板前，需要先绑扎好钢筋，并且钢筋要经隐蔽验收合格后才能封模。在基础顶面、楼面上弹出轴线位置与柱边线，并且固定好柱模底部木框。然后竖立内外拼板，并且用斜撑临时固定，再从顶部用垂球校正垂直度。同一根轴线上的柱子，先校正两端的柱模板，然后从柱模板上口中心线拉一根铁丝来校正中间的柱模。柱模间还需要用水平撑、剪刀撑相互拉结。

② 柱支撑、加固如图 3-13 所示。柱侧模板需要根据图纸尺寸制作和安装。安装时，需要测好和放好柱的位置线，并钉好压脚板，然后安装柱模板，并且两个垂直向加斜拉顶撑。

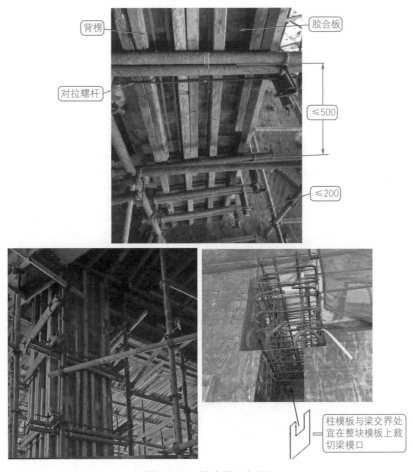

图3-13 柱支撑、加固

柱模安装完成后，需要复核模板的垂直度、对角线斜拉长度差、截面尺寸等项目。柱模板的支撑要牢固。柱模板上的预埋件、预留孔洞不得遗漏，并且要准确。

③ 小型的现浇独立柱固定可以采用步步紧来加固。大一些的现浇独立柱固定则需要采用方柱扣来加固。

④ 柱木模板下口需要设置控制线（图3-14）和止浆板。

图3-14 柱木模板下口需要设置控制线

⑤ 构造柱上口预留牛腿斜口，需要采用对拉螺栓固定，应一次浇筑完成，并且侧边采用双面胶封堵缝隙，以防止漏浆。

3.6 梁木模板

3.6.1 梁木模板的结构

梁木模板具有跨度大而宽度不大，且梁底往往是架空的等特点。为此，混凝土对梁木模板有水平侧压力，也有竖向压力。梁木模板及其支架系统需要能够承受荷载，并且不致发生过大的变形。

圈梁木模板具有断面小且长等特点。一般除门窗洞口及其他个别地方架空外，均搁置在墙上。圈梁木模板主要由侧模板、固定侧模板用的卡具等组成。

梁木模板的常见组成如图3-15所示。

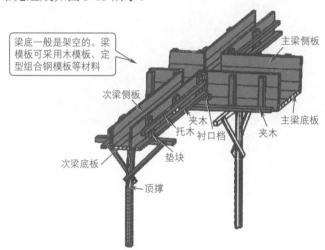

(a) 梁木模板示意图

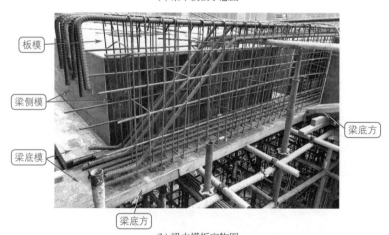

(b) 梁木模板实物图

图3-15　梁木模板的常见组成

木模板一般在配模前使用手工锯、电锯进行锯割，锯割后进行配模安装。梁木模板安装需要注意的事项：板模一般压梁侧模，梁侧模一般包梁底模，如图3-16所示。

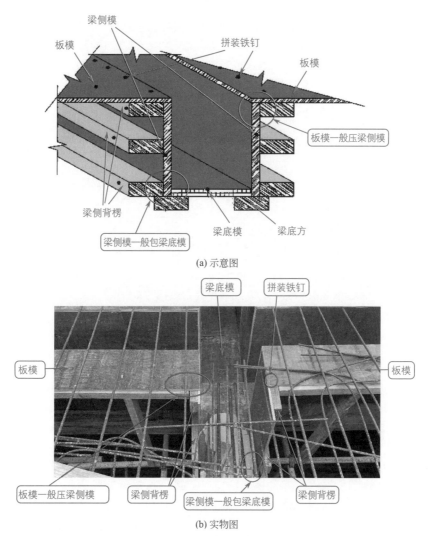

(a) 示意图

(b) 实物图

图3-16　梁木模板安装需要注意的事项

3.6.2　梁木模板的施工工艺流程

梁木模板的施工工艺流程如图3-17所示。

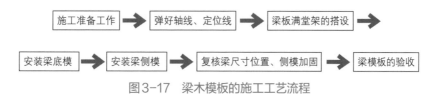

图3-17　梁木模板的施工工艺流程

3.6.3　梁木模板施工主要步骤要点

梁木模板施工主要步骤要点见表3-6。

表3-6 梁木模板施工主要步骤要点

步骤	要点
施工准备工作	（1）模板施工方案、配模计划齐全 （2）安全、技术交底 （3）模板根据放样尺寸制作 （4）使用的材料需要满足规范及方案等要求 （5）模板涂刷脱模剂 （6）模板编号、分类、堆放 （7）二次周转使用的模板使用前应清理干净 （8）使用的机具设备准备到位
弹好轴线、定位线	弹好柱子轴线、梁位置线与水平线
梁板满堂架的搭设	（1）熟悉架体搭设施工方案与要求 （2）梁下支柱支承在基土面上时，需要对基土平整夯实，以满足承载力要求 （3）支架立杆的垂直度偏差一般不宜大于5/1000，并且不应大于100mm （4）立杆底部的水平方向上要根据纵下横上的次序设置扫地杆
安装梁底模	（1）根据图纸计算出梁底小横杆标高，并且固定牢固小横杆 （2）先钉柱头模板，再拉线找平安装底模 （3）梁跨度≥4m时，需要根据规范要求起拱。起拱高度一般宜为梁跨度的1/1000～3/1000。起拱顺序一般为先主梁，后次梁 （4）模板支完后，需要复核梁底模板标高
安装梁侧模	（1）梁侧模制作的高度，需要根据梁高、楼板厚度等来确定 （2）支模一般遵循边包底模的原则 （3）安装梁侧模板需要拉线进行 （4）如果梁高超过650mm，则侧模板安装时先安装一侧，等梁钢筋绑扎完后再安装另一侧梁模板，以满足施工的要求
侧模加固、梁模板验收	（1）梁高超过600mm时，梁侧模一般宜加穿梁螺栓加固 （2）梁侧模需要有压脚板、斜撑，拉线通直后将梁侧钉牢 （3）梁侧模板要垂直，梁内截面尺寸偏差一般控制在-5～4mm （4）梁模板加固方式需要符合模板施工方案

◁ **干货与提示**

　　建筑模板内部一定要清理干净，如果建筑模板内遗留杂物，会造成混凝土夹渣等缺陷。为此，有的建筑模板内需要预留清扫口。建筑模板安装时，接缝不宜过于严密，并且安装完成后应浇水湿润，使木板接缝闭合。

3.6.4 梁木模板的安装方法和要求

　　梁木模板的安装方法和要求如下。

　　① 安装框架梁木模板时，需要先根据图纸尺寸把各种模板拼板尺寸统一加工并分摊放置。支模时，需要在柱子上弹好标高线，再根据图纸各板底标高先支设梁底模板，然后把侧模板放上，并且两头钉在衬口档上，侧模底外侧钉夹木，然后钉上斜撑、水平拉条。主梁模板安装、校正后，进行次梁模板安装。梁模板安装后，拉一条中心线检查，复核各梁模板中心线位置。梁模板安装后，可以开始支架楼板模板。一般先支设楞木，楞木搁置在模板外侧位置的托木上，在底模垂直于楞木方向铺钉。

　　② 梁木模板接缝位置需要垫木方。梁木模板要求尺寸准确、拼缝严密、节点到位、线条顺直，如图 3-18 所示。

　　③ 木模板拼接使用钉子的长度一般为木模板厚度的 1.5～2 倍，如图 3-19 所示。

　　④ 梁底模交接位置必须拼密缝，并且接缝平整度要小于 1mm。梁木模板固定钉间距需要符合要求，如图 3-20 所示。

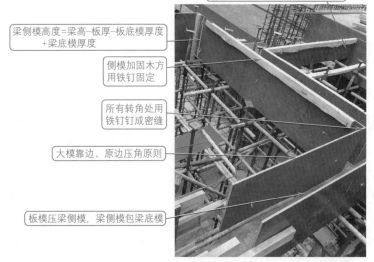

套割尺寸准确，节点处密缝拼模

梁侧模高度=梁高-板厚-板底模厚度
+梁底模厚度

侧模加固木方
用铁钉固定

所有转角处用
铁钉钉成密缝

大模靠边、原边压角原则

板模压梁侧模，梁侧模包梁底模

图3-18 梁木模板要求尺寸准确、拼缝严密、节点到位、线条顺直

木模板拼接使用钉子的长度一般为木模板厚度的1.5~2倍

图3-19 木模板拼接使用钉子的长度要求

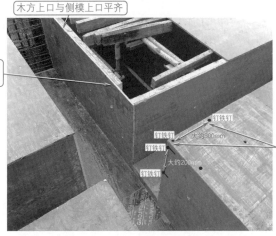

木方上口与侧模上口平齐

梁上口锁口木方
与梁侧模钉牢

钉铁钉

钉铁钉 大约300mm

钉铁钉 大约200mm

钉铁钉

板模边压角、靠边，与
梁侧模上口钉牢。铁钉
间距大约为300mm

图3-20 梁底模交接位置必须拼密缝

⑤ 梁底木方的间距要求如图 3-21 所示。

⑥ 梁底模板与梁侧模板的交界处要求如图 3-22 所示。

木方间距不得
大于300mm

梁板模板底木方间距不得大于300mm;
梁板模板底木方距阴角小于等于150mm

图 3-21　梁底木方的间距要求

梁底模板和侧模板的梁端头部位需要
放整块模板,不得放非整块模板

图 3-22　梁底模板与梁侧模板的交界处要求

⑦ 梁侧模板上下口的加固方式如图 3-23 所示。

梁侧模板上下口需要采用收口木方,并且用步步紧或卡箍加固, 间距要求≤500mm

图 3-23　梁侧模板上下口的加固方式

⑧ 梁木模板完成后,需要立即在柱墙插筋上抄测标高,对模板空间尺寸进行复核。

⑨ 梁木模板需要采用木夹具加固,木夹具间距一般控制为 500~600mm。高度大于 700mm 的梁,需要采用对拉螺杆加固,螺杆间距一般不得大于 500mm。

⑩ 可以制作比梁宽小 2mm 的木板,可以采用该木板控制梁侧模垂直度、梁截面宽度。

⑪ 梁木模板需要采用内撑条,一般间距≤800mm,并且内撑条要绑扎固定到位。

⑫ 建筑转换层大梁较大时,则梁木模板搭设需要根据不同断面增加对拉螺杆,螺杆间距均根据要求设置。

⑬ 建筑标准层梁底立杆、横杆间距≤800mm,板底立横杆间距≤1000mm。

⑭ 梁木模板施工加固方案的选择如图 3-24 所示。

⑮ 梁板支撑如图 3-25 所示。梁高超过 600mm 时,梁侧模板必须采用对拉螺杆加固,梁下必须设单独立杆并与支模架有机连接,连接点数不少于两处。

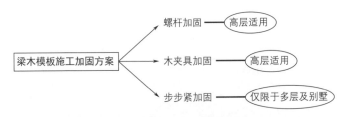

图3-24　梁木模板施工加固方案的选择

图3-25　梁板支撑

⑯ 混凝土腰梁需要采用卡箍加固，一般间距≤500mm。腰梁侧模上下口可以采用方木。下口需要采用双面胶封堵缝隙，以防漏浆。

⑰ 外梁、楼梯间休息平台梁（外侧）应增加对拉螺杆，一般螺杆间距≤600mm，并且螺杆对应梁部位要放内撑条。

⑱ 梁与柱交界处配模，需要采用木方等材料加固，如图3-26所示。

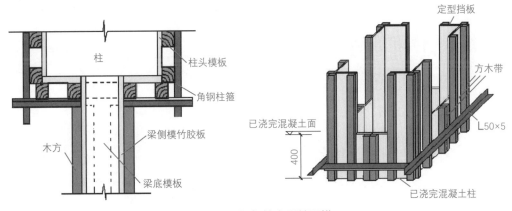

图3-26　梁与柱交界处配模

⑲ 梁与梁位置节点、梁与柱位置节点拼缝需要紧密，不得有破损、缺肉、凸起等现象。模板切割时应画线，以确保切割顺直。梁与梁接口位置需要与板面位置在同一平面上，不得超出板面，如图3-27所示。

⑳ 所有临边梁模加固必须使用对拉螺杆。

㉑ 梁模板底背方间距一般不得大于200mm。

梁与梁位置节点、梁与柱位置节点拼缝需要紧密，不得有破损、缺肉、凸起等现象。
梁与梁接口位置，需要与板面位置在同一平面上，不得超出板面

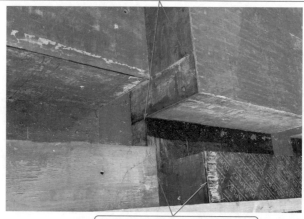

模板切割时应画线，以确保切割顺直

图3-27　梁柱、梁板节点拼缝要求

干货与提示

梁、柱、墙交接位置加固的要求如下。

① 梁高≥550mm时，与墙柱交接位置需要另设对拉螺杆。梁中一般设置3道，间距一般为500mm。

② 梁与墙交接位置，梁侧模板伸入墙内一般不小于500mm。

3.7　楼板木模板

3.7.1　楼板木模板的结构

楼板木模板的结构如图3-28所示。

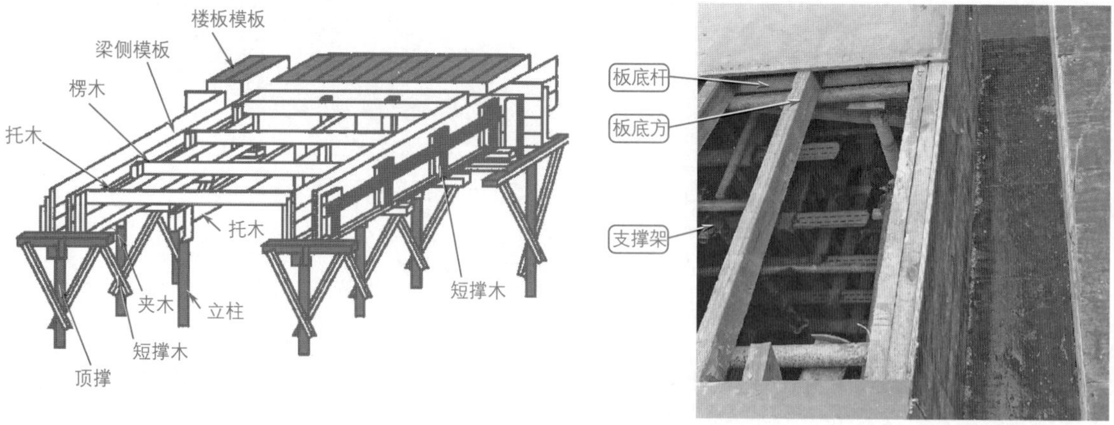

扫一扫

楼板木模板
的结构

楼板模板
梁侧模板
楞木
托木
托木
夹木
立柱
短撑木
短撑木
顶撑

板底杆
板底方
支撑架

图3-28　楼板木模板的结构

3.7.2 楼板木模板施工的方法和要求

楼板木模板施工的方法和要求如下。

① 楼板木模板固定钉间距需要符合相关要求。

② 楼板上的材料放置需要符合相关要求，如图3-29所示。

图3-29 楼板上的材料放置需要符合要求

③ 楼板木模板接缝位置需要垫木方，如图3-30所示。

图3-30 楼板木模板接缝位置需要垫木方

④ 楼板木模板施工完成后，需要立即测标高，对模板空间尺寸进行复核。

干货与提示

降板部位吊模施工的一些要求如下。

① 卫生间、阳台等降板部位吊模，尽量采用钢模，以确保混凝土成型美观。

② 卫生间、阳台等降板部位吊模采用木模时，需要使用新方木，并且不得随意接头，以确保混凝土成型美观。

③ 卫生间、阳台等降板部位吊模翻边拆模时，一般在混凝土浇捣完成24h后才进行。拆模时要谨慎小心，以免破坏混凝土。

3.7.3　楼板木模板支撑

楼板木模板支撑施工方法和要求如下。

① 楼板木模板支撑体系，有的采用槽钢与方木配合使用。例如使用5#槽钢代替方木，在板的拼缝位置使用方木，以确保平整度。

② 楼板轮扣钢管支撑如图3-31所示。立杆支撑根据其位置图放线，并且保证每层立杆都在同一条垂直线上，以确保上下支撑在同一竖向位置上。

楼板模板木方间距≤300mm

楼板立管顶托旋出长度≤300mm，不允许采用底托

图3-31　楼板轮扣钢管支撑

③ 模板支撑体系必须严格根据管理人员的要求进行搭设。支撑搭设完后，需要有专人对紧固件、螺栓等进行全面检查，并且需要重新拧紧松动的螺栓。

3.7.4　楼板后浇带做法

楼板后浇带需要在完成顶板模板后立即用小木条来完成定位。在板底筋绑扎完成后，可以制作后浇带挡板，并做好支撑。绑扎板底面筋时需要制作上口封堵，并且一般采用方钢封堵，而不采用方木或钢管代替。

楼板后浇带做法要求如下。

① 后浇带位置的模板，一般要进行覆盖保护。

② 后浇带使用独立的支撑，主体模板达到强度后拆除时，后浇带部分架体不拆。这样可以保证后浇带两侧沉降一致，后期浇筑混凝土后无错台、无下沉、无漏浆等现象。

◁ **干货与提示**

建筑模板验板的技巧如下。

① 观看＋拧裁切下来的边料——观看裁切下来的边料，如果层次分明，并且用手不易拧开的，则说明该模板质量好。如果层次不分明，或者层次分明但是易拧开，则说明该模板质量有问题。

② 锯开模板检查其断层、空心——把模板锯开，看中间的断层、空心。如果发现空心较大，则说明该模板易出现鼓包，质量有问题。

③ 看模板表面平整度——如果模板表面平整、光滑，无虫窟、裂痕等情况，则说明该模板质量好。否则，说明该模板质量有问题。

④ 指关节敲模板听声音——如果用指关节敲模板，发出的声音洪亮，则说明该模板干燥。如果用指关节敲模板，发出的声音沉闷，则说明该模板潮湿。

3.8　楼梯木模板

3.8.1　楼梯木模板的结构

楼梯木模板的结构与楼板木模板相似。不同点为楼梯木模板需要倾斜支设，并且需要形成踏步结构，如图 3-32 所示。

扫一扫　楼梯木模板的结构

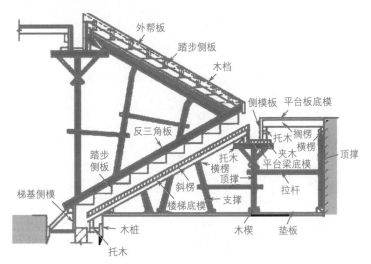

图 3-32　楼梯木模板的结构

3.8.2　楼梯木模板的安装方法和要求

楼梯木模板安装时，可以首先在两框架柱间立好平台梁与平台板模板，再在楼梯基础侧板上钉托木。楼梯木模板的斜楞，可以安装在基础梁、平台梁侧板外的托木上。斜楞上钉铺楼梯底模，并且下面设杠木、斜向顶撑，然后沿楼梯边立外帮板，并且用外帮板上的横档木、斜撑、固定夹木，将外帮板钉固在杠木上，再钉上三角板。

扫一扫　楼梯木模板的安装方法和要求

为了确保梯板的厚度，在踏步侧板下垫的小木块，一般要在浇筑混凝土时取出。

楼梯木模板也有这样的安装方案：楼梯木模板施工前，需要根据实际层高放样，并且先支设平台模板，再支设楼梯底模板，然后支设楼梯侧板，且底模板超出侧板 2～3cm。在侧板内侧弹出楼梯底板厚度线、侧板位置线。侧模、梯步端侧板、踏步模板按图加工成型，可以现场组装。

楼梯木模板的下料、安装、拆模、成型如图 3-33 所示。

(a) 楼梯木模板的下料

(b) 楼梯侧木模板的下料

(c) 楼梯底模板的安装效果(一)

(d) 楼梯底模板的安装效果(二)

(e) 楼梯木模板安装过程图

(f) 楼梯木模板的拆模　　　　　　　　　　(g) 楼梯拆模后的成型效果

图3-33　楼梯木模板的下料、安装、拆模、成型

　　楼梯剪力墙有上层楼梯斜板继续施工的一面，一般要求竖向模板一次性施工到上层休息平台。在混凝土浇筑完成后，该部位模板不拆除。

　　楼梯清扫孔留设部位需要准确，以便于垃圾清扫与封堵，一般清扫孔留设在楼梯的施工缝部位，施工时需要先计算好楼梯施工缝留设的部位，留设宽度一般为15cm，等上层模板安装完成、混凝土浇筑前、清理到位后从侧向插入同厚度模板封堵清扫孔。

干货与提示

　　为确保楼梯踏步线条尺寸的准确，梯步板的高度必须与楼梯踏步的高度一致。放样时，需要预留出装修面层的厚度。楼梯模板支撑体系如果采用钢管加快拆头斜撑，则中间设横向拉杆一道，侧模采用木方固定。

3.9　墙木模板的结构、施工方法和要求

3.9.1　墙木模板的结构

　　墙木模板的结构通常由模板、对拉螺栓、加固钢管、"3"形卡、步步紧、钢管扣件、铁丝等构件组合而成。不同的墙、不同的项目，墙木模板的具体结构会有差异，如图3-34所示。

墙木模板
的结构

扫一扫

3.9.2　墙木模板结构测量做法

　　墙木模板结构测量做法如图3-35所示。建筑首层墙体施工完成后，应分别在距大角两侧30cm处外墙上各弹出一条竖直线，并且涂上两个红色三角标记，作为上层墙体支模板的控制线。上层墙体支模板时，可以以此30cm线校准模板边缘位置，以保证墙角与下一层墙角在同一铅直线上。

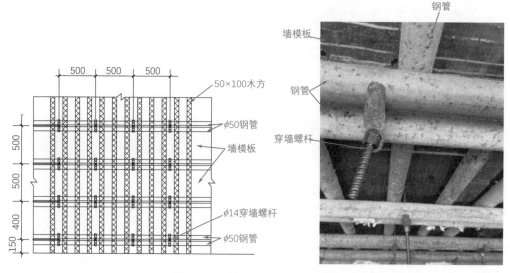

图3-34　墙木模板的具体结构

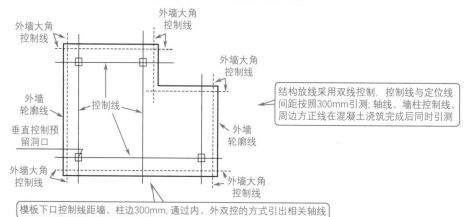

结构放线采用双线控制，控制线与定位线间距按照300mm引测；轴线、墙柱控制线、周边方正线在混凝土浇筑完成后同时引测

模板下口控制线距墙、柱边300mm，通过内、外双控的方式引出相关轴线

模板上弹墙、梁控制线，需要采用扫平仪或经纬仪投测，不得直接从梁模进行引测放线

需要利用激光扫平仪将双控线引测到降板位置

图3-35　墙木模板结构测量做法

3.9.3 墙木模板的施工方法和要求

墙木模板的施工方法和要求如下。

① 剪力墙可以采用可卡式内撑条，一般间距≤600mm，并且内撑条需要绑扎固定到位。

② 有的项目墙木模板缝隙可以采用双面胶封堵，以防止漏浆。

③ 墙柱木模板下口需要设置止浆板，即采取封闭措施，以防止漏浆烂根，如图3-36所示。

墙柱木模板底部缝隙必须采取封闭措施，以防止漏浆烂根

图3-36 墙柱木模板底部缝隙处理

④ 墙板支撑根据实际选择钢筋支撑、水泥支撑等类型，如图3-37所示。

(a) 水泥支撑

剪力墙可以采用可卡式成品内撑条，一般长度比墙厚短2mm；间距≤500mm，最上排距板底≤50mm

一般内撑条需要绑扎固定到位

图3-37 墙板支撑

⑤ 墙侧模拼接时，小块模板需要放在中部拼接，不得在顶部或底部进行拼接。

⑥ 墙柱阴角需要采用方木收口，并且竖楞需要伸到方木底部。

⑦ 安装外墙木模板时，上层模板需要伸入下层墙体，并且下层墙体相应位置要预留钢筋限位，以防跑模或错台等现象发生，如图 3-38 所示。

图3-38　外墙木模板

⑧ 墙木模板拼缝需要钉拼缝木条，如图 3-39 所示。

图3-39　墙木模板拼缝需要钉拼缝木条

⑨ 有的项目墙木模板中弹墙模板位置线时，每次两端需要外延 500mm，并且在墙定位线外 200mm 再弹一道模板检查控制线。

⑩ 墙模支撑采用通长钢管加固，斜钢管支撑。斜钢管支撑沿墙高不少于 3 道。

⑪ 安装一些墙模板时，可以边安装边插入穿墙螺栓或对拉螺栓和套管，并且将墙两侧模板对准墙线使之稳定，再用钢卡或蝶形扣件与钩头螺栓固定于模板边模上，并将两侧模调整平直。

⑫ 对墙模板下部支撑钢管底部，需要采用木方或木块进行铺垫。

⑬ 剪力墙阴角部位，需要安装止浆条，并且连续设置，以确保止浆效果。

⑭ 剪力墙阴角部位止浆条的加固，需要采用顺直均匀的方木，一般不采用钢管加固的方式。

⑮ 剪力墙模板拼缝位置的止浆条，需要与钢管形成可靠支撑。

⑯ 在混凝土墙体内预埋线盒时，需要采用定位线盒。

⑰ 电线管穿楼板应采用连接套，不宜在模板上开洞进行穿管。

3.10　木模板的安装与拆卸

3.10.1　木模板的安装

木模板安装时，除了上文讲述的要求外，其他一些要求如下。

① 木模板施工时，宜在顶板上预留清扫孔。

② 木模板施工完毕后，需要保持板面、梁内清洁。

③ 顶板完成后，要经标高复核，达到要求后，才进行钢筋绑扎。

④ 钢筋绑扎过程中不得有钢管、方木、模板等材料任意堆放，如图 3-40 所示。

⑤ 木模板施工完成后需要验收。验收合格后，才可以吊运钢筋等材料，绑扎钢筋。

木模板施工完毕后，需要保持板面、梁内清洁

顶板完成后，要经标高复核，达到要求后，才进行钢筋绑扎。钢筋绑扎过程中不得有钢管、方木、模板等材料任意堆放

图3-40　木模板施工其他要求

⑥ 木模板安装完成后，应采用激光扫平仪对楼板平整度，墙柱模板平整度、垂直度进行复核，并且把实测数据标注在模板或钢管上。

⑦ 柱子与剪力墙施工时，方木与模板底部应预留 20mm 宽的缝隙，以便于止浆条能顺利塞入。止浆条要完整、通长设置，并且固定在混凝土表面上。

⑧ 木模板支撑不得使用腐朽、扭裂等有瑕疵的木材。

⑨ 木模板顶撑要垂直，底端要平整坚实，并且加垫木。

⑩ 支模要按工序进行。模板没有固定前，不得进行下道工序。

⑪ 禁止利用拉杆、支撑攀登上下。

⑫ 拆模时下面不得站人，以防坠物伤人。

⑬ 支建筑模板时，对预埋件、预留洞的要求：同时固定好建筑模板上的预埋件、预留洞、预留孔，尺寸应符合要求，安装要牢固。

⑭ 建筑模板上涂刷切割剂时，需要选择不影响布局、不妨碍施工的油性切割剂。

⑮ 对于建筑模板，还需要预留一个排出口。

⑯ 反槛需要采用卡箍加固。侧模上下可以采用一定规格的方木固定，一般卡箍间距≤500mm。

⑰ 现浇过梁，一般需要采用钢管来支撑。

⑱ 模板拼缝要严密、不漏浆。拼缝大于5mm时，需要采取封闭措施进行封闭。

⑲ 旧木模安装前，需要将表面清理干净。

⑳ 模板安装时需要与钢筋安装配合进行。梁柱节点的模板宜在钢筋安装后安装。

㉑ 后浇带的模板及支架，应独立设置。

干货与提示

边梁支模体系严禁与外架连接。对于需要起拱的模板，需要先支好模板，然后将跨中的可调支托丝扣向上调动，调到需要起拱的高度。安装剪力墙外墙模板时，需要预留旧螺杆并且贴海绵胶，以防上下层接茬处错台、漏浆。为了防止内墙墙根处烂根，模板下部外侧可以采用砂浆封堵。

3.10.2　木模板的拆卸

木模板拆卸的要点如下。

① 拆卸木模板的顺序、方法，一般根据配板设计的规定进行。如果无设计规定，则应遵循以下原则：先支后拆，后支先拆；先拆不承重部分的模板，后拆承重部分的模板；自上而下，先拆侧向支撑，后拆竖向支撑，如图3-41所示。

如果无设计规定，则遵循先支后拆，后支先拆；先拆不承重部分的模板，后拆承重部分的模板；自上而下，先拆侧向支撑，后拆竖向支撑等原则

原则上梁、板混凝土强度达到75%时方可拆模；悬挑梁跨度大于2.0m或梁跨度大于8.0m时，混凝土强度达到100%方可拆模

图3-41　木模板拆卸的一般要点

② 模板工程作业组织，需要遵循支模与拆模统一由一个作业班组执行作业的原则。这样，支模时考虑了拆模的方便、安全。拆模时，熟知了支模的特点，容易掌握拆模的关键点位与安全、配件保护等。

③ 拆木模板前，应达到混凝土的拆模强度要求。墙、梁、柱侧模在混凝土强度能保证其表面、棱角不因拆除模板而损坏，即可拆除。

④ 拆木模板时根据顺序逐步拆除，严禁乱撬、蛮拆。

3.11　组合钢框木（竹）胶合板模板

3.11.1　结构与施工常用工具

组合钢框木（竹）胶合板模板的结构如图 3-42 所示。组合钢框木（竹）胶合板模板施工常用工具有铁木榔头、钢卷尺、托线板、轻便爬梯、活动（套口）板子、水平尺、脚手板、吊车等。

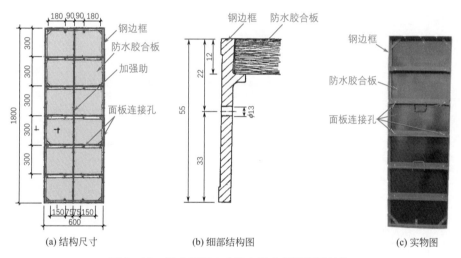

(a) 结构尺寸　　(b) 细部结构图　　(c) 实物图

图3-42　组合钢框木（竹）胶合板模板的结构

3.11.2　施工作业条件

组合钢框木（竹）胶合板模板一些施工作业条件如下。

① 熟悉有关图纸与设计要求。

② 轴线、模板线、控制线等放线完毕。

③ 水平控制标高已经引测到预留插筋或其他过渡引测点，并且办好预检手续。

④ 做好模板承垫底部，注意标高线准确，有的需要设置模板承垫木方。

⑤ 设置模板（保护层）定位基准。

⑥ 预组拼装模板的情况，应符合以下要求：拼装模板的场地要夯实平整、根据模板设计配板图进行拼装、所有卡件连接件要有效固紧、柱墙体模板拼装时预留清扫口与振捣口、组装后要根据图纸要求检查其对角线与平整度、检查外形尺寸与紧固件数量等。

3.11.3　工艺流程

组合钢框木（竹）胶合板模板有关工艺流程见表3-7。

表3-7　组合钢框木（竹）胶合板模板有关工艺流程

名称	工艺流程
单块就位组拼柱模板的工艺流程	搭设模板安装架子→第一层柱模板安装就位→检查对角线、垂直度及位置→安装柱箍→安装第二、第三层等柱模板，并且注意每安装一层要检查对角线、垂直度及位置→安装柱箍→安装有梁口的柱模板→全面检查校正→群体柱模的固定
单片预组拼柱模板的工艺流程	单片预组拼柱的组拼→第一片柱模就位→第二片柱模就位，并且用角模连接→安装第三、第四片柱模→检查柱模对角线，如果位移应纠正→自下而上安装柱箍，并做斜撑→全面检查→群体柱模的固定
整体预组拼柱模板安装的工艺流程	组拼整体柱模板的检查→模板吊装就位→安装模板支撑→全面检查→群体柱模的固定
墙模板单块就位组拼安装的工艺流程	组装前的检查→安装门窗口模板→安装第一步模板（两侧）→安装内钢楞→调整模板平直度→安装第二步到顶部两侧模板→安装内钢楞，并且调平直 →安装穿墙螺栓→安装外钢楞→加斜撑，并且调模板平直度→与柱、墙、楼板模板连接
预拼装墙模板的工艺流程	安装前的检查→安装门窗口模板→一侧墙模吊装就位→安装斜撑→插入穿墙螺栓、塑料套管→清扫墙内杂物→安装就位另一侧墙模板→安装斜撑→穿墙螺栓穿过另一侧墙模板位置→紧固穿墙螺栓→斜撑固定→与相邻模板的连接
梁模板单块就位安装的工艺流程	弹出梁轴线、水平线，并且复核→搭设梁模支架→安装梁底楞或梁卡具→ 安装梁底模板→梁底起拱→绑扎钢筋→安装侧梁模→安装另一侧梁模→安装上下锁口楞、安装斜撑楞、安装腰楞、安装对拉螺栓→复核梁模尺寸、位置→与相邻模板的连接固定
梁模板单片预组合模板安装的工艺流程	弹出梁轴线、水平线，并做好复核工作→搭设梁模支架→预组拼模板，并且检查→底模吊装就位、安装、起拱→侧模安装→安装侧向支撑或梁夹固定→检查梁口平直模板尺寸→卡梁口卡 →与相邻模板的连接固定
梁模板单片预组合模板安装的工艺流程	弹出梁轴线、水平线，并做好复核工作→搭设梁模支架→预组拼模板，并且检查→底模吊装就位、安装、起拱→侧模安装→安装侧向支撑或梁夹固定→ 检查梁口平直模板尺寸→卡梁口卡→与相邻模板的连接固定
梁模整体预组合模板安装的工艺流程	弹出梁轴线、水平线，并做好复核工作→搭设梁模支架→梁模整体吊装就位→梁模与支架的连接固定→复核梁模位置尺寸→侧模斜撑固定→卡梁口卡
楼板模板单块就位安装的工艺流程	搭设支架 →安装横纵钢（木）楞 →调整楼板下皮标高、起拱→铺设模板块 →检查模板上皮标高、平整度
楼板、梁模板拆除的工艺流程	拆除支架部分水平拉杆、剪力撑→拆除梁连接件、侧模板→下调楼板模板→分段分片拆除楼板模板、钢（木）楞、支柱→拆除梁底模板、支撑系统
柱子模板分散拆除的工艺流程	拆除拉杆或斜撑→自上而下拆掉穿柱螺栓或柱箍→拆除竖楞，自上而下拆除钢框竹编模板→模板、配件运输与维护
柱子模板分片拆模的工艺流程	拆掉拉杆或斜撑→自上而下拆掉柱箍→拆掉柱连接角一侧U形卡，分片拆离→吊运片模板
墙模板分散拆除的工艺流程	拆除斜撑→自上而下拆掉穿墙螺栓、外楞→分层自上而下拆除内楞、模板→模板、配件运输与维护

3.12　木模板质量要求

3.12.1　现浇结构模板安装允许偏差

现浇结构模板安装允许偏差如图3-43所示。

扫一扫

现浇结构模板
安装允许偏差

现浇结构模板安装的允许偏差		
项目		允许偏差/mm	检验法
轴线位置		5	钢尺检查
底模上表面标高		±5	水准仪或拉线、钢尺检查
截面内尺寸	基础	±10	钢尺检查
	柱、墙、梁	+4、-5	钢尺检查
层高垂直度	不大于5m	6	经纬仪或吊线、钢尺检查
	大于5m	8	经纬仪或吊线、钢尺检查
相邻两板表面高低差		2	钢尺检查
表面平整度		5	2m靠尺和塞尺检查

图3-43　现浇结构模板安装允许偏差

3.12.2　模板预埋件、预留孔允许偏差

模板预埋件、预留孔允许偏差如图 3-44 所示。

模板预埋件、预留孔允许偏差		
项目		允许偏差/mm
插筋	中心线位置	5
	外漏长度	+10，0
预埋螺栓	中心线位置	2
	外漏长度	+10，0
预留洞	中心线位置	10
	尺寸	+10，0
预埋钢板中心线位置		3
预埋管、预留孔中心线位置		3

图3-44　模板预埋件、预留孔允许偏差

3.12.3　预制构件模板安装允许偏差

预制构件模板安装允许偏差见表 3-8。

表3-8　预制构件模板安装允许偏差

项目		允许偏差/mm	检验法
高（厚）度	板	+2，-3	钢尺量一端及中部，取其中较大值
	墙板	0，-5	
	梁、薄腹梁、桁架、柱	+2，-5	
侧向弯曲	梁、板、柱	$L/1000$ 且≤15	拉线、钢尺量最大弯曲位置
	墙板、薄腹梁、桁架	$L/1500$ 且≤15	
长度	板、梁	±5	钢尺量两角边，取其中较大值
	薄腹梁、桁架	±10	
	柱	0，-10	
	墙板	0，-5	
宽度	板、墙板	0，-5	钢尺量一端及中部，取其中较大值
	梁、薄腹梁、桁架、柱	+2，-5	

注：L 为构件长度，单位为mm。

干货与提示

模板接缝宽度不得大于1.5mm。可以采用观察、用尺等检查来判断，如图3-45所示。

接缝宽度不得大于1.5mm

图3-45　模板接缝宽度的检查

第 4 章

钢模板

4.1 钢模板基础知识

4.1.1 钢模板的特点和参数

钢模板，是采用经过专用设备轧成形并且焊接的组合钢模板。组合钢模板就是宽度、长度采用模数制设计，能够相互组合拼装的一种钢模板。组合钢模板可以分为小钢模板、扩大钢模板。其中，小钢模板就是宽度为100～300mm、长度为450～1500mm的模数制钢制模板。扩大钢模板就是宽度为400～600mm、长度为600～1800mm的模数制钢制模板。

钢模板主参数由模板的宽度、长度、肋高等组成。钢模板的主要参数见表4-1。

表4-1 钢模板的主要参数

类型	项目	参数系列/mm
小钢模板	宽度	100、150、200、250、300
	长度	450、600、750、900、1200、1500
	肋高	55
扩大钢模板	宽度	400、450、500、600
	长度	600、750、900、1200、1500、1800
	肋高	55

4.1.2 钢模板连接件的特点与功能

钢模板常见的连接件如图4-1所示。钢模板常见的连接件图例如图4-2所示。

常见钢模板连接件的特点与功能如下。

①U形卡——模板的主要连接件，主要用于相邻模板的拼装。

②L形插销——主要用于插入两块模板纵向连接处的插销孔内，以增强模板纵向接头处的刚度。

③ 钩头螺栓——主要用于连接模板与支撑系统的连接件。

④ 对拉螺栓——又称为穿墙螺栓，主要用于连接墙壁两侧模板，保持墙壁厚度，承受混凝土侧压力、水平荷载，使模板不致变形。

⑤ 扣件——主要用于钢楞间、钢楞与模板间的扣紧。根据钢楞的形状不同，分别采用蝶形扣件、"3"形扣件。

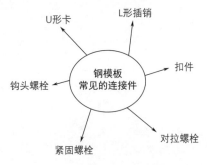

图4-1　钢模板常见的连接件

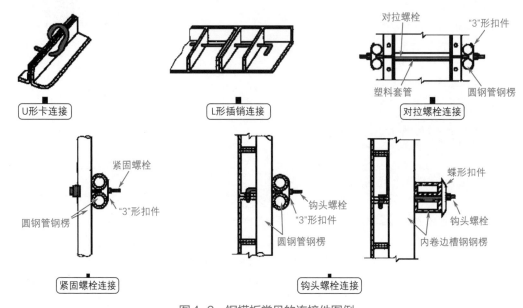

图4-2　钢模板常见的连接件图例

干货与提示

下沉式卫生间的沉箱，一般要采用固定钢模。混凝土墙内预埋配电箱时，一般采用固定钢模。

4.1.3　钢模板支承件的类型、特点及功能

钢模板支承件包括钢楞、柱箍、钢支架、斜撑、钢桁架、梁卡具等。钢模板支承件图例如图4-3所示。

一些钢模板支承件的类型、特点、功能如下。

① 钢楞，也就是模板的横档、竖档。其分为内钢楞、外钢楞。内钢楞主要配置方向一般应与钢模板垂直，直接承受钢模板传来的荷载，间距一般为700~900mm。钢楞一般采用圆钢管、矩形钢管、槽钢、内卷边槽钢制作，其中以钢管的居多。

② 角钢柱箍，可以由两根互相焊成直角的角钢组成，并且用弯角螺栓、螺母拉紧。当荷载较大、单根支架承载力不足时，可以采用组合钢支架、钢管井架、扣件式钢管脚手架、门形脚手架做支架等。柱模板四角一般要设角钢柱箍。

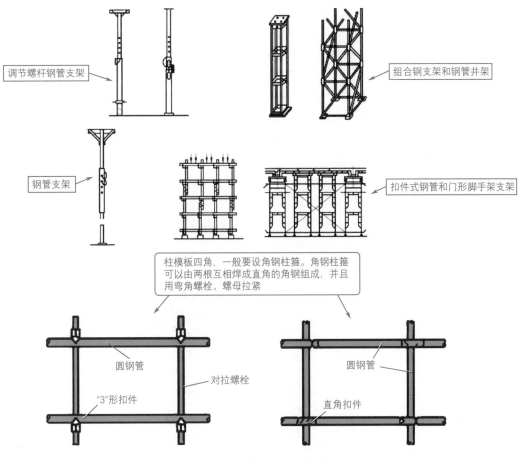

图4-3　钢模板支承件图例

③ 钢桁架两端可以支承在钢筋托具，墙、梁侧模板的横档，以及柱顶梁底横档上，以支承梁或板的模板。如果荷载较大，则可以用角钢、扁铁、钢管焊成两个半榀桁架或多榀桁架，再组合成一榀桁架。如果跨度较小，荷载较轻，则可以用钢筋焊成整榀式桁架支承。钢桁架图例如图 4-4 所示。

④ 梁卡具，又叫做梁托架，主要用于固定矩形梁、圈梁等模板的侧模板，也可以用于侧模板上口的卡固定位。梁卡具图例如图 4-5 所示。

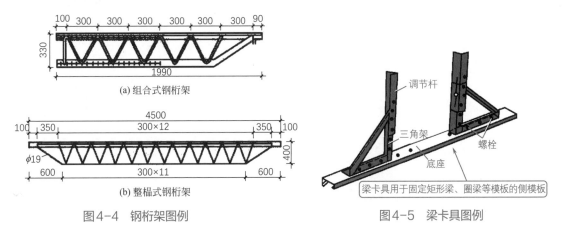

图4-4　钢桁架图例

图4-5　梁卡具图例

4.1.4　平面模板的特点与荷载试验

根据结构形式，钢模板分为平面模板、阴角模板、阳角模板、连接角模等。

平面模板主要用于基础、墙体、梁、板、柱等各种结构的平面部位。平面模板一般由面板、肋组成，并且肋上设有 U 形卡孔、插销孔。平面模板就是利用 U 形卡与 L 形插销等拼装成大块板。平面模板如图 4-6 所示。

肋高就是钢模板的边肋高度。纵肋就是平行于钢模板边肋的加强筋。横肋就是垂直于钢模板边肋的加强筋。端肋就是钢模板端头的横肋。凸楞就是钢模板边肋的凸起边棱。凸毂就是钢模板边肋连接孔两侧的鼓形凸起。

钢模板一般要求选择性能不低于 Q235A 碳素结构钢的薄钢板制造。扩大钢模板面板采用的钢板公称厚度一般不得小于 2.8mm。小钢模板面板采用的热轧钢板公称厚度一般不得小于 2.5mm。组合钢模板 2.3mm 厚面板力学性能见表 4-2。

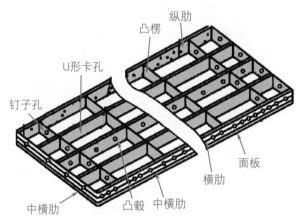

图 4-6　平面模板

表 4-2　组合钢模板 2.3mm 厚面板力学性能

模板宽度 /mm	截面面积 A /mm²	截面最小抵抗矩 W_x/cm³	x 轴截面惯性矩 I_x/cm⁴	中性轴位置 y_0/mm	截面简图
300	1080（978）	6.36（5.86）	27.91（26.39）	11.1（10）	
250	965（863）	6.23（5.78）	26.62（25.38）	12.3（11.1）	
200	702（639）	3.97（3.65）	17.63（16.62）	10.6（9.5）	
150	587（524）	3.86（3.58）	16.40（15.64）	12.5（11.3）	
100	472（409）	3.66（3.46）	14.54（14.11）	15.3（14.2）	

注：1. 表中各种宽度的模板，其长度规格为 1.5m、1.2m、0.9m、0.75m、0.6m、0.45m；高度均为 55mm。
　　2. 括号内数据表示净截面。

钢模板荷载试验标准见表 4-3。钢模板的面板、边肋必须用整块材料制作，不得采用分体焊接形式。

表4-3　钢模板荷载试验标准

项目	模板长度/mm	荷载		残余变形/mm	允许挠度/mm
		均布荷载/(kN/m²)	集中荷载/(N/mm)		
刚度	1800 1500 1200	30	10	—	≤1.5
	900 750 600	—	10	—	≤0.2
承载力	1800 1500 1200	45	15	≤0.2，各部位 不得破坏	—
	900 750 600	—	30	各部位不得破坏	—

4.1.5　角模规格尺寸

角模垂直度偏差一般要求不小于1mm。角模的规格尺寸如图4-7所示。

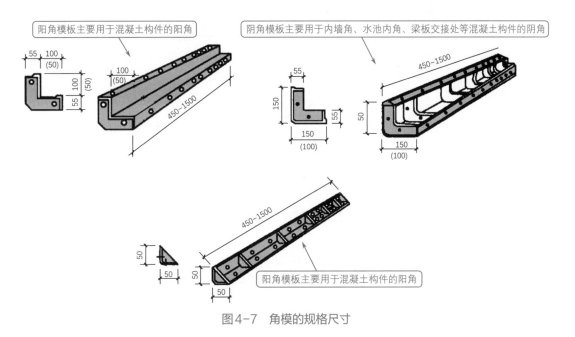

图4-7　角模的规格尺寸

4.1.6　吊环的特点与规格

吊环的特点与规格如图4-8所示。

4.1.7　对拉螺栓的特点与规格

对拉螺栓的特点与规格如图4-9所示。

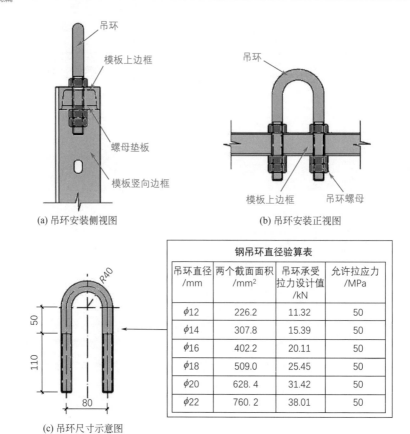

图4-8 吊环的特点与规格

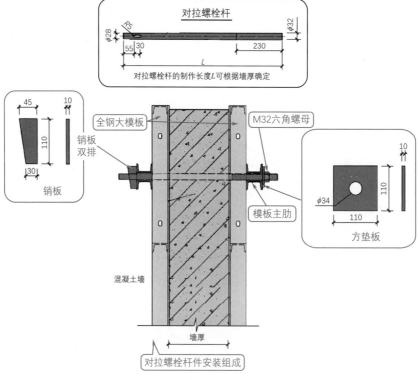

图4-9 对拉螺栓的特点与规格

4.1.8　加固背楞组件的特点与规格

加固背楞组件的特点与规格如图 4-10 所示。

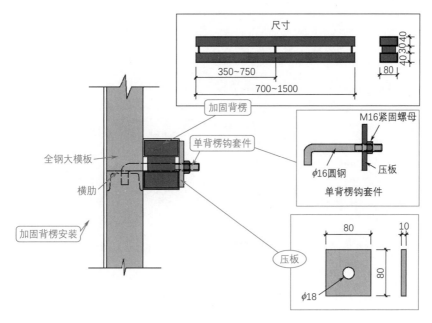

图4-10　加固背楞组件的特点与规格

4.1.9　钢模板型号表示法的识读

钢模板型号一般由名称代号、特性代号、主参数代号等组成。钢模板型号表示法的识读如图 4-11 所示。

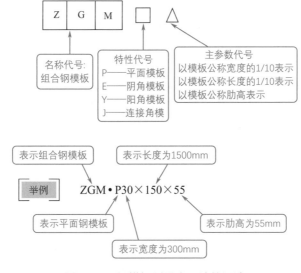

图4-11　钢模板型号表示法的识读

4.1.10 组合钢模板的钢材品种和规格

组合钢模板的钢材品种和规格见表 4-4。

表4-4 组合钢模板的钢材品种和规格

名称		钢材品种	规格/mm
钢管	圆钢管	Q235 钢管	$\phi48\times3.5$
	矩形钢管	Q235 钢管	$80\times40\times3$ $100\times50\times3$
	轻型槽钢	Q235 钢板	$[80\times40\times3$ $[100\times50\times3$
	内卷边槽钢	Q235 钢板	$[80\times40\times15\times3$ $[100\times50\times20\times3$
	轧制槽钢	Q235 槽钢	$[80\times43\times5$
钢箍	角钢	Q235 角钢	$L75\times50\times5$
	轧制槽钢	Q235 槽钢	$[80\times43\times5$ $[100\times48\times5.3$
	圆钢管	Q235 钢管	$\phi48\times3.5$
钢支柱		Q235 钢管	$\phi48\times2.5$、$\phi60\times2.5$
四管支柱		Q235 钢管	$\phi48\times3.5$
		Q235 钢板	$\delta=8$
门式支架		Q235 钢管	$\phi48\times3.5$、$\phi48\times2.5$（低合金钢管）
碗扣式支架		Q235 钢管	$\phi48\times3.5$、$\phi48\times2.5$（低合金钢管）
方塔式支架		Q235 钢管	$\phi48\times3.5$、$\phi48\times2.5$（低合金钢管）
钢模板		Q235 钢板	$\delta=2.5$、2.75
U 形卡		Q235 圆钢	$\phi12$
L 形插销 紧固螺栓 钩头螺栓		Q235 圆钢	$\phi12$
扣件		Q235 钢板	$\delta=2.5$、3、4
对拉螺栓		Q235 圆钢	M12、M14、M16、T12、T14、T16、T18、T20

注：1. 有条件时，应用 $\phi48\times2.5$ 低合金钢管替代 $\phi48\times3.5$ Q235 钢管。

2. 宜采用工具式对拉螺栓。

3. 宽度 $b\geqslant400$mm 的钢模板宜采用 $\delta\geqslant2.75$mm 的钢板制作。

4.2 钢模板系统与结构

4.2.1 全钢大模板系统的特点和结构

全钢大模板系统一般也由模板、支架系统、紧固连接件三部分组成，其特点、结构如图 4-12 所示，86 模板系统的特点、结构如图 4-13 所示。

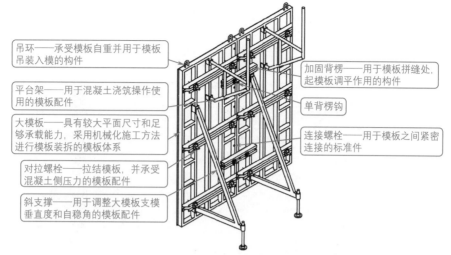

图4-12　全钢大模板系统的特点、结构

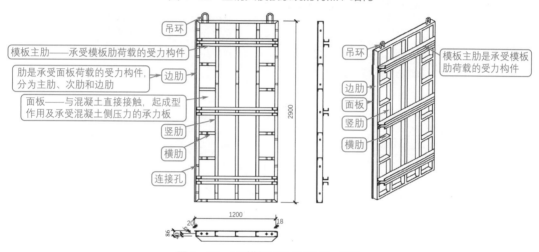

图4-13　86模板系统的特点、结构

各种规格的钢模板需要能任意组合拼装成大块模板，其质量应符合表4-5中的要求。

表4-5　钢模板拼装质量允许偏差

项目	允许偏差/mm
板面平面度	≤2.5
两块模板拼缝间隙	≤1
相邻模板板面高低差	≤2
拼装模板长度	±2
拼装模板宽度	±2
板面对角线差值	≤3

注：拼装模板面积不小于4m²。

干货与提示

多人共同操作或扛抬组合钢模板时，必须密切配合、协调一致、互相呼应。寒冷地区冬期施工用钢模板时，不宜采用电热法加热混凝土，否则需要采取有效的防触电措施。钢模板高度超过15m时，需要安设避雷设施，并且避雷设施的接地电阻不得大于4Ω。

4.2.2 全钢大模板接口形式

模板接口形式，就是为了实现角模与模板、模板与模板间拼缝而采用的企口搭接形式。全钢大模板接口形式有双母口模板形式、双子口模板形式、母平口模板形式等类型，如图4-14所示。

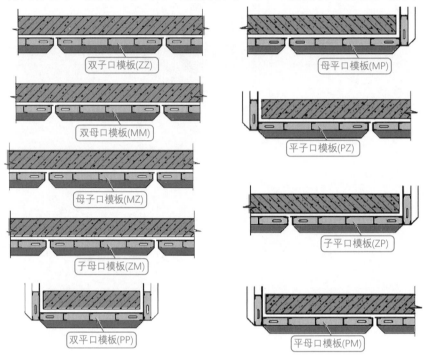

图4-14 全钢大模板接口形式

4.2.3 早拆装置的结构

设置早拆装置能够达到"早拆模板，后拆支柱"的目的。钢模板早拆装置结构如图4-15所示。早拆装置与普通装置的比较如图4-16所示。早拆装置的应用如图4-17所示。

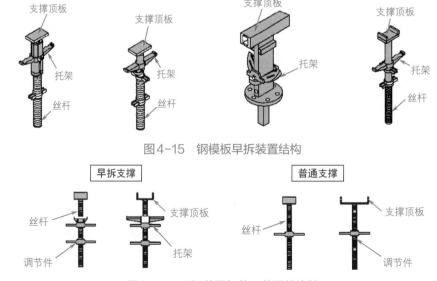

图4-15 钢模板早拆装置结构

图4-16 早拆装置与普通装置的比较

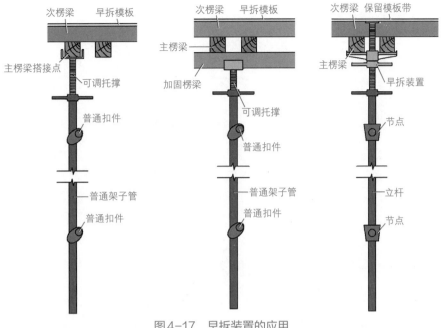

图4-17　早拆装置的应用

　　遇大雨、大雾、沙尘、大雪或6级以上大风等恶劣天气时，需要停止露天高处作业。5级及以上风力时，需要停止高空吊运作业。雨、雪停止后，需要及时清除模板上的积水、冰雪。

4.2.4　阴角模的结构与加固

　　阴角模，顾名思义，就是用于阴角位置的模板。阴角模的结构与加固如图4-18所示。阴角模两边的宽度一般为200～300mm为宜。阴角模的高度一般比大模板高出30～50mm为宜。

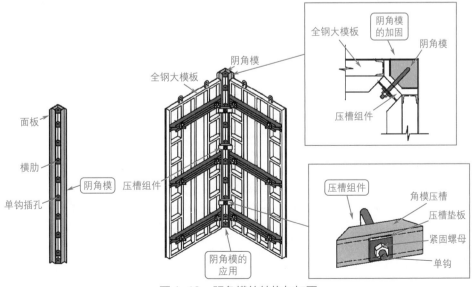

图4-18　阴角模的结构与加固

4.2.5 阳角模的结构与加固

阳角模，顾名思义，就是用于阳角位置的模板。阳角模的结构与加固如图 4-19 所示。

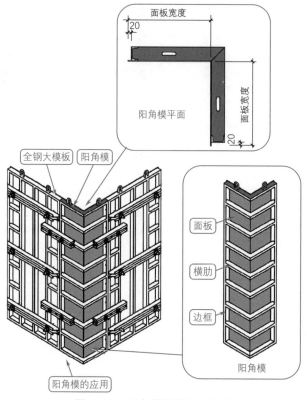

图4-19 阳角模的结构与加固

4.2.6 主次楞梁和模板排布

次楞，又叫做次梁、次楞梁，其就是直接支承面板的小型楞梁。主楞，又叫做主梁、主楞梁，其就是直接支承面板的主型楞梁。

主次楞梁的排列需要满足模板荷载、变形值规定等要求。主次楞梁、模板排布图例如图 4-20 所示。

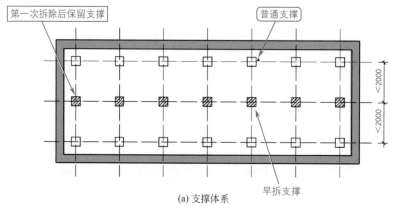

(a) 支撑体系

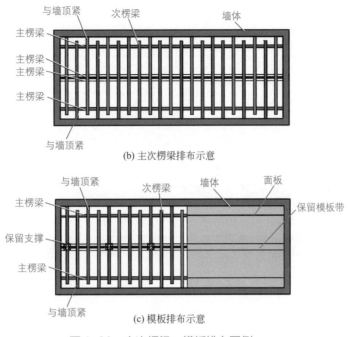

(b) 主次楞梁排布示意

(c) 模板排布示意

图4-20　主次楞梁、模板排布图例

4.2.7　墙模板结构

墙模板结构往往包括内侧钢模板、外侧钢模板、拉杆、支撑等。每块模板的钢板一般由面板和筋板组成。

墙钢模板结构如图4-21所示。

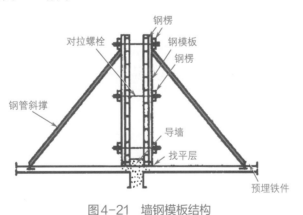

图4-21　墙钢模板结构

4.3　钢模板质量与检查

4.3.1　钢模板施工组装质量标准

钢模板施工组装质量标准见表4-6。

表4-6　钢模板施工组装质量标准

项目	允许偏差/mm
两块模板之间的拼接缝隙	≤2
相邻模板的高低差	≤2
组装模板面平整度（用2m长平尺检查）	≤2
组装模板板面的长宽尺寸	≤长度和宽度的1/1000，最大 ±4
组装模板两对角线长度差值	≤对角线长度的1/1000，最大≤7

4.3.2　钢模板制作质量标准

钢模板制作质量标准见表4-7。

表4-7　钢模板制作质量标准

项目		要求尺寸/mm	允许偏差/mm
外形尺寸	长度	l	0 −1
	宽度	b	0 −0.8
	肋高	55	±0.5
U形卡孔	沿板长度的孔中心距	$n×150$	±0.6
	沿板宽度的孔中心距	—	±0.6
	孔中心与板面间距	22	±0.3
	沿板长度孔中心与板端间距	75	±0.3
	沿板宽度孔中心与边肋凸楞面的间距	—	±0.3
	孔直径	$\phi13.8$	±0.25
凸楞尺寸	高度	0.3	+0.3 −0.5
	宽度	4	+2 −1
	边肋圆角	90°	$\phi0.5$钢针通不过
横肋	横肋、中纵肋与边肋高度差	—	≤1.2
	两端横肋组装位移	0.3	≤0.6
焊缝	肋间焊缝长度	30	±5
	肋间焊脚高	2.5(2)	+1
	肋与面板焊缝长度	10(15)	+5
	肋与面板焊脚高度	2.5(2)	+1
凸毂高度		1.0	+0.3 −0.2
防锈漆外观		油漆涂刷均匀，不得漏涂、皱皮、脱皮、流淌	
角模垂直度		90°	≤1
面板端与两凸楞面的垂直度		90°	≤0.5
面板平面度		—	≤1
凸楞直线度		—	≤0.5

注：括号内数据为采用二氧化碳气体保护焊的焊脚高度与焊缝长度。

4.3.3　组拼式全钢大模板安装允许偏差与检查法

组拼式全钢大模板安装允许偏差与检查法见表4-8。

表4-8　组拼式全钢大模板安装允许偏差与检查法

项　目	允许偏差/mm	检查法
模板长度	-2	卷尺量检查
模板板面对角线差	≤3	卷尺量检查
相邻模板拼缝间隙	≤1	平尺、塞尺量检查
模板高度	±3	卷尺量检查
板面平整度	2	卷尺量检查
相邻模板高低差	≤1	2mm靠尺、塞尺

4.3.4　钢模板及配件修复后的质量验收标准

钢模板及配件等修复后，需要进行检查验收。凡是检查不合格的，均需要重新整修、重新验收。钢模板及配件修复后的质量验收标准见表4-9。

表4-9　钢模板及配件修复后的质量验收标准

项　目		允许偏差/mm	项　目		允许偏差/mm
钢结构	焊点脱焊	不允许	钢模板	孔洞破裂	不允许
	板肋平直度	≤2		板面锈皮麻面、背面粘混凝土	不允许
	板侧凸楞面翘曲矢高	≤1	零配件	侧向平直度	≤2
	板面翘曲矢高	≤2		钢楞、支柱长度方向弯曲度	≤L/1000
	板面局部不平度	≤2	桁架	U形卡卡口残余变形	≤1.2

> **干货与提示**
>
> 　　使用后的钢模、钢楞、桁架、立柱，需要把黏结物清理洁净。清理时，不得采用铁锤敲击。清理后的钢模、钢楞、桁架、立柱，需要逐块、逐榀、逐根进行检查。如果发现翘曲、扭曲、变形、开焊等异常情况，均需要修理完善、更换，或者进行相关处理。清理整修好的钢模、钢楞、桁架、立柱，一般需要刷防锈漆。经过维修、刷油、整理合格的钢模板、配件，如果需运往其他施工现场或入库，必须进行分类，杆要成捆、配件成箱，清点数量与验收。

第 5 章

铝合金模板

5.1 铝合金模板的基础知识

扫一扫

铝合金模板的
特点

5.1.1 铝合金模板的特点

铝合金模板，简称为铝模板、铝模，全称为建筑用铝合金模板系统。其是以铝合金型材为主要材料，经过机械加工、焊接等工艺制成的适用于混凝土工程的模板，并根据 50mm 模数设计，由面板、肋、主体型材、平面模板、转角模板、早拆装置等组合而成，如图 5-1 所示。

铝合金模板是由模板系统、紧固系统、支撑系统、配件系统四部分所组成的具有完整性的一种配套模板系统，其可以适用于不同的结构。

铝合金模板一般由平面模板、转角模板、组

图 5-1 铝合金模板

件等组成。其中，转角模板包括阳角模板、阴角模板、阴转角模板。组件包括单斜铝梁、双斜铝梁、楼板早拆头、梁底早拆头。

铝合金模板，根据通用形式分为标准模板和非标准模板。符合边肋高度为 65mm、孔径为 16.5mm、孔心与面板距离为 40mm，长度、宽度、孔心距按照 50mm 整数倍的矩形平面板、转角模板和形状统一的常用组件，均为标准模板。不符合上述条件之一的模板或组件，均为非标准模板。非矩形模板、非常规组件不纳入上述标准件和非标准件的标识范围。

> **干货与提示**
>
> 铝合金模板的一些优点如下。
> ① 承载力大，铝合金模板每平方米可以承载 30kN。
> ② 铝合金模板强度高、精度高、板面拼缝少。
> ③ 铝合金模板组装方便，可以由人工拼装，也可以拼装成片后整体由机械吊装。
> ④ 铝合金模板的混凝土表面质量平整光滑，可以达到饰面或者清水混凝土的效果。

5.1.2 铝合金材料的要求与标准

铝合金模板采用铝合金材料制作而成。采用制作铝合金模板的材料性能需要符合要求。其中，铝合金材料的室温纵向拉伸力学性能见表 5-1；铝合金材料的强度设计值见表 5-2；铝合金材料的物理性能指标见表 5-3；铝合金材料化学成分要求见表 5-4。

表5-1　铝合金材料的室温纵向拉伸力学性能

牌号	状态	厚度/mm	抗拉强度/MPa	规定非比例延伸强度/MPa	断后伸长率/%		布氏硬度参考值HBW
					A	A_{50mm}	
			不小于				
6082	T6	≤5	290	250	—	6	95
		>5~25	310	260	10	8	95
6061	T6	≤5	260	240	—	7	95
		>5~25	260	240	10	8	95

表5-2　铝合金材料的强度设计值

铝合金材料			强度设计值/MPa			
			用于构件计算		用于焊接连接计算	
牌号	状态	厚度 /mm	抗拉、抗压和抗弯	抗剪	焊件热影响区抗拉、抗压和抗弯	焊件热影响区抗剪
6061	T6	所有	200	115	100	60
6082	T6	所有	230	120	100	60

表5-3　铝合金材料的物理性能指标

线膨胀系数（以每℃计）	质量密度 / （kg/m³）	弹性模量/MPa	泊松比 v_a	剪切模量/MPa
23×10^{-6}	2700	70000	0.3	27000

表5-4　铝合金材料化学成分要求

铝合金牌号	状态	化学成分（质量分数）/%								
		Cu（铜）	Si（硅）	Fe（铁）	Mn（锰）	Mg（镁）	Al（铝）	Zn（锌）	Cr（铬）	Ti（钛）
6082	T6	0.1	0.7~1.3	0.5	0.4~1	0.6~1.2	余量	0.2	0.25	0.1
6061	T6	0.15~0.4	0.4~0.8	≤0.7	≤0.15	0.8~1.2	余量	≤0.25	0.04~0.35	≤0.15

铝合金材料需要符合的标准要求如图 5-2 所示。

铝合金型材应采用现行国家标准《一般工业用铝及铝合金挤压型材》(GB/T 6892—2015)中的Al6061-T6 或Al6082 -T6材料

铝合金材料化学成分需要符合有关规定要求

铝合金材料材质需要符合现行国家标准《变形铝及铝合金化学成分》(GB/T 3190—2020)的有关规定

铝合金材料的纵向拉伸力学性能和物理性能指标需要符合有关规定要求

铝合金材料的强度设计值需要符合有关规定要求

图5-2　铝合金材料需要符合的标准要求

5.1.3 铝合金牌号及其性能、用途

铝合金牌号及其性能、用途见表 5-5。

表5-5 铝合金牌号及其性能、用途

合金牌号	主要合金元素	性能	主要用途
1×××	纯铝系列	延性好、强度低、耐腐蚀	容器、器皿、建筑用镶板
2×××	钢	耐腐蚀性差、强度高、可焊性差	广泛用于航空工业
3×××	锰	中等强度、耐腐蚀性好	易拉罐、器皿、墙面材料、屋面材料
4×××	硅	中等强度	钎焊材料，应用较少
5×××	镁	延性好、耐腐蚀、强度较高、焊接性好	焊接结构、压力容器、建筑板材
6×××	镁和硅	强度较高、耐腐蚀性良好	工业、建筑挤压型材
7×××	锌（含铜）	耐腐蚀性差、强度高、可焊性差	航空工业、体育用品
7×××	锌（不含铜）	耐腐蚀、强度较高、焊接性好（自行回火）	焊接结构
8×××	其他元素	超轻合金、中等强度	轻量化航空、航天材料

5.1.4 铝合金模板中钢材的特点与要求

铝合金模板中钢材物理性能的要求见表 5-6。组合铝合金模板钢材宜选择 Q235、Q355，背楞与钢质工具式支撑宜优先选择 Q355。

钢材的设计用强度指标见表 5-7。

表5-6 铝合金模板中钢材物理性能的要求

项目	线膨胀系数（以每℃计）	质量密度/（kg/m³）	弹性模量/MPa	剪切模量/MPa
数值	12×10^{-6}	7850	206000	79000

表5-7 钢材的设计用强度指标

钢材牌号	厚度或直径/mm	设计用强度指标/MPa	
		抗拉、抗压、抗弯	抗剪
Q355	≤16	305	175
	>16，≤40	295	170
	>40，≤63	290	165
	>63，≤80	280	160
	>80，≤100	270	155
Q235	≤16	215	125
	>16，≤40	205	120
	>40，≤100	200	115

5.1.5 铝合金模板的结构和制作流程

铝合金模板系统如图 5-3 所示。铝合金模板系统中的承接模板，俗称 K 板。

铝合金模板体系中标准尺寸模板构件大约占整个模板体系的 80%，实际工程配套使用的非标准构件大约占 20%。

模板体系设计完成后，首先需要根据设计图纸在工厂完成预拼

铝合金模板的结构和制作流程

扫一扫

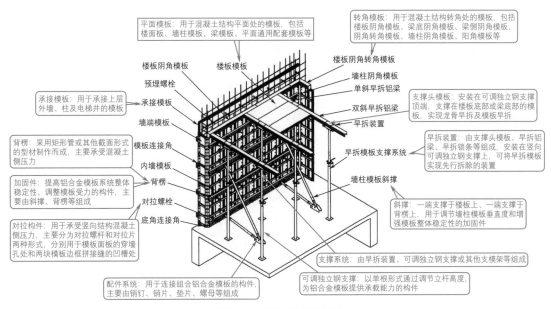

图5-3 铝合金模板系统

装，并且经相关单位验收合格后，对所有的模板构件分区、分单元做相应标记，然后打包转运到施工现场进行分类堆放。

现场模板材料就位后，根据模板编号"对号入座"进行安装，并且等安装就位后，利用可调斜撑调整模板的垂直度，利用竖向可调支撑调整模板的水平标高，利用手动葫芦控制外墙和电梯井模板的偏移，利用穿墙对拉螺杆、背楞保证模板体系的刚度、整体稳定性。

混凝土达到拆模规定的强度后，一般需要保留竖向支撑，然后根据先后顺序对墙模板、梁侧模板、楼面模板进行拆除。

整体铝合金模板体系如图5-4所示。铝合金模板设计制作流程如图5-5所示。

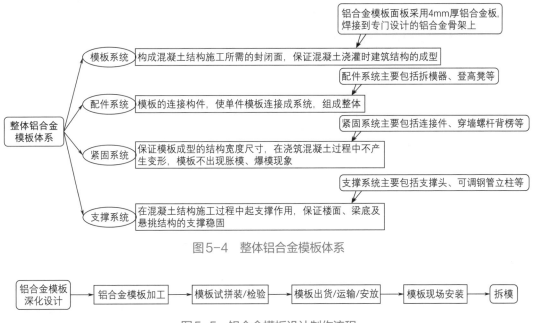

图5-4 整体铝合金模板体系

铝合金模板深化设计 → 铝合金模板加工 → 模板试拼装/检验 → 模板出货/运输/安放 → 模板现场安装 → 拆模

图5-5 铝合金模板设计制作流程

5.1.6 铝合金模板与木模板的比较

铝合金模板与木模板的比较见表 5-8。

表5-8 铝合金模板与木模板的比较

项目	铝合金模板	木模板
模板规格	系列化、模数化，快装易拆	模板规格变化较多、无序
劳务资源	劳务资源充足，仅需要装配熟练的工人	劳务资源困难，需要有专业技能的木工
工程质量	平整度、垂直度好，节省抹灰，质量有保证	易爆模、胀模，大量抹灰
荷载性能	50kPa，受力均匀	30kPa，受力不均匀
早拆技术	采用早拆技术：1层模板，3层支撑	不采用早拆技术：3层模板，3层支撑
节能环保	周转次数通常为300~500次（最多达3000次）	周转次数通常为5~10次，损耗大量木材、铁钉
材料损耗	几乎没有	大量废弃模板、边料、铁钉
施工垃圾	没有材料本身的垃圾	大量废弃模板、下脚木料和铁钉
施工工期	4天一层，工期短，有保证	6天一层，工期长，无保证
施工效率 / [m²/(天·人)]	20~30	10~15

5.1.7 铝合金模板的荷载和变形

铝合金模板、支撑系统、零部件自重的标准值，可以根据设计图纸计算来确定。对常规组合铝合金模板体系，铝合金模板的平均自重标准值可以取 $0.28kN/m^2$。其他荷载的标准值，可以查阅有关表格来确定。

铝合金模板承载力计算的各项荷载，是采用最不利的荷载基本组合进行设计的。荷载组合也就是涉及参与组合铝合金模板承载力计算的各项荷载。其中，参与组合的永久荷载常包括：

① G_1——铝合金模板、支撑系统、零部件自重；

② G_2——新浇混凝土自重；

③ G_3——钢筋自重；

④ G_4——新浇混凝土对模板的侧压力。

参与组合的可变荷载常包括：

① Q_1——施工人员、施工设备产生的荷载；

② Q_2——混凝土下料产生的水平荷载；

③ Q_3——泵送混凝土或不均匀堆载等因素产生的附加水平荷载；

④ Q_4——风荷载。

参与组合铝合金模板承载力计算的各项荷载见表 5-9。

表5-9 参与组合铝合金模板承载力计算的各项荷载

内容	荷载项
模板——底面模的承载力	$G_2+G_3+G_1+Q_1$
模板——侧面模板的承载力	G_4+Q_2
支撑系统——支撑系统水平杆、节点的承载力	$G_2+G_3+G_1+Q_1$
支撑系统——立杆的承载力	$G_2+G_3+G_1+Q_1+Q_4$
支撑系统——支撑系统结构的整体稳定	$G_2+G_3+G_1+Q_1+Q_4+Q_3$

注：表中的"+"仅表示各项荷载参与组合，不表示代数相加。

> **干货与提示**
>
> 　　当验算组合铝合金模板的刚度时，其最大变形限值需要根据结构工程要求来确定，并且需符合的一些要求如下。
>
> 　　① 支撑系统中的背楞、桁架的挠度计算值，一般不得大于相应跨度（柱宽）的1/1000，并且一般不大于2mm。
>
> 　　② 计算背楞时，需要根据对拉螺杆或对拉片在模板上的分布、受力状况进行承载力计算，以及对拉螺杆或拉片的变形计算。
>
> 　　③ 结构表面外露的模板，其挠度限值一般宜取模板构件计算跨度的1/400，面板允许变形一般不大于1.5mm，单块模板变形限值一般不应超过1mm。
>
> 　　④ 结构表面隐蔽的模板，其挠度限值一般宜取模板构件计算跨度的1/250，并且一般不大于4mm。

5.2　铝合金模板的配件

5.2.1　铝合金模板配件的基础知识

　　铝合金模板体系，主要由面板、支架、连接件三部分组成，铝合金模板体系的特点主要涉及铝合金模板与配件之间的组合。铝合金模板主龙骨一般采用方钢背楞。铝合金模板立杆一般采用ϕ48可调支撑钢管。铝合金模板之间一般利用销钉来固定。

　　铝合金模板配件的一些特点和功能如下。

　　① 面板——就是直接接触新浇混凝土的承力板，其包括拼装的板、加肋的板。

　　② 支撑梁——就是用于连接面板、支顶的构件。

　　③ 连接件——就是面板与支顶的连接、面板自身的拼接、加固体系自身的连接和其中两者相互连接所用的零配件。常见的连接件包括螺栓、背楞、锁片、垫片、对拉螺栓等。

　　④ 铝合金模板——包括平面（墙身、楼面、梁）模板、阴角模板、阳角模板、连接角模板等通用模板。

　　⑤ 配件的连接——包括子弹形销子、紧固螺栓、对拉螺栓等。

　　⑥ 配件的支承件——包括钢背楞、单支顶、斜撑等。

　　铝合金模板配件的应用如图5-6所示。

(a) 配件

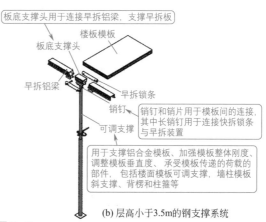

板底支撑头用于连接早拆铝梁，支撑早拆板
楼板模板
板底支撑头
早拆铝梁
早拆锁条
销钉
销钉和销片用于模板间的连接，其中长销钉用于连接快拆锁条与早拆装置
可调支撑
用于支撑铝合金模板、加强模板整体刚度、调整模板垂直度、承受模板传递的荷载的部件，包括楼面模板可调支撑、墙柱模板斜支撑、背楞和柱箍等

(b) 层高小于3.5m的钢支撑系统

图5-6

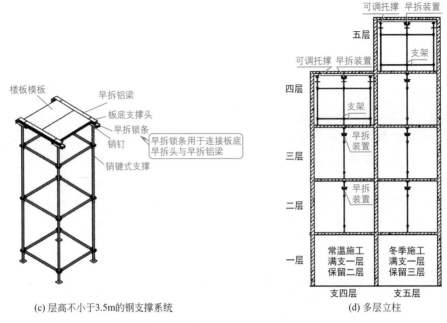

(c) 层高不小于3.5m的钢支撑系统　　(d) 多层立柱

图5-6　铝合金模板配件的应用

5.2.2　铝合金模板常见配件规格

铝合金模板常见配件规格见表5-10。

表5-10　铝合金模板常见配件规格

名称	规格/mm	材质
可调斜撑（拉杆体系）	$\phi48\times3$	Q235B
可调斜撑（拉片体系）	$\phi30\times3$	Q235B
对拉螺杆	M16~M18 粗牙螺杆	45# 钢
对拉片（周转）	（33×2.5）~（33×2.75）	65Mn
对拉片（一次性）	33×2	65Mn
拉片背楞卡具	$\delta\geqslant6$	Q235B
垫片	75×75×8	Q235B
销钉	$\phi16\times50$~$\phi16\times195$	Q235B
销片	24×10×70×3.5　32×12×80×3（弯形）	Q345B
钢背楞	□50×30×2　　□50×50×2.5 □60×40×2.5　□60×40×3 □80×40×2　　□100×50×3	Q235B
可调独立钢支撑	外管$\phi60\times3$　内管$\phi48\times3$ 外管$\phi60\times3.5$　内管$\phi48\times3.5$ 底座厚度≥6	Q235B

5.2.3　对拉螺栓的规格

对拉螺栓的规格见表5-11。对拉螺杆的套管需要符合现行国家标准《给水用硬聚氯乙烯（PVC-U）管材》（GB/T 10002.1—2006）中非饮用水管等规定的有关要求，壁厚一般宜大于2mm，公称压力等级一般不宜小于 PN1.0。

对拉螺栓的外形与结构如图5-7所示。

表5-11　对拉螺栓的规格

螺杆规格	螺杆外径/mm	螺杆内径/mm	净截面面积/mm²	重量/（N/m）	轴向拉力设计值/kN
ϕ16	15.75	13.55	144	15.8	24.5
ϕ18	17.75	14.6	167.4	16.1	28.1
ϕ22	21.6	18.4	265.9	24.6	43.6
ϕ27	26.9	23.0	415.5	38.4	68.1

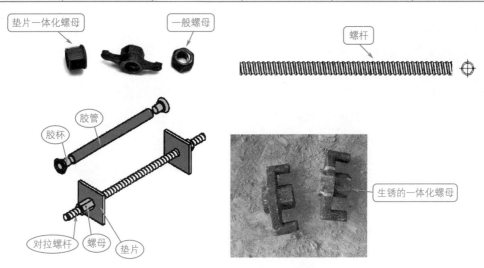

图5-7　对拉螺栓的外形与结构

干货与提示

螺杆的类型如下。

① 穿墙螺栓——又叫做对拉螺栓。穿墙螺栓一般采用两端带螺纹的圆钢螺栓，也有用扁钢两端留长孔，再用楔形铁插入，从而固定、楔紧穿墙螺栓，进而拉结好墙体模板内、外侧模板。穿墙螺栓的布置对模板结构的整体性、刚度、强度影响很大。

② 三段式止水螺杆——新型三段式止水螺杆中间段是内杆，两边段是外露、可重复使用的可拆卸螺杆。

③ 通丝螺栓——通丝螺栓属于穿墙螺栓的一种。但是，通丝螺栓全身是丝牙，不焊接止水片。在砌筑混凝土墙过程中，通丝螺栓可以承受混凝土较强的抗拉作用力。通丝螺栓有时也被称为高强螺栓。

④ 止水螺杆——又叫做防水拉杆，其是在搭设混凝土墙模板时设立的。止水螺杆能够起到固定模板、控制模板宽度以及防止爆模等作用。

5.2.4　单块铝合金模板的尺寸要求、构成与断面类型

单块铝合金模板的尺寸要求如图5-8所示。一般会根据工程特点选定一定长度、宽度规格的铝合金模板作为主板，其他规格做相应补充。内墙柱模板根据建筑层高、板厚、施工工艺等要求，一般会采用全高布置。

铝合金模板型材构成如图5-9所示。铝合金模板一般是采用模数制设计的，其中宽度模数一般以50mm进级；长度模数一般以150mm进级。长度超过900mm时，一般以300mm进级。

单块铝合金模板面板厚度应不小于3.5mm；当模板宽度大于等于300mm时，面板厚度应不小于4mm；边框厚度应不小于5mm，高度应不小于65mm

图5-8 单块铝合金模板的尺寸要求

纵肋
面板
横肋
端肋

图5-9 铝合金模板型材构成

铝合金模板面板型材断面类型如图5-10所示。

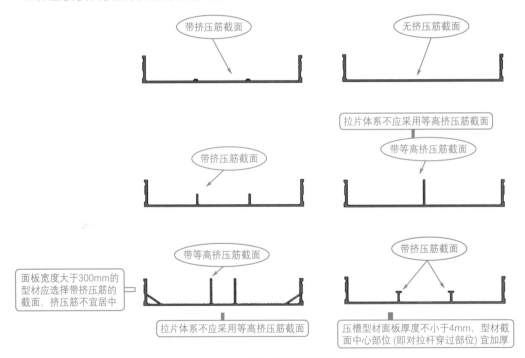

带挤压筋截面

无挤压筋截面

带挤压筋截面

拉片体系不应采用等高挤压筋截面
带等高挤压筋截面

面板宽度大于300mm的型材应选择带挤压筋的截面，挤压筋不宜居中

带等高挤压筋截面

带挤压筋截面

拉片体系不应采用等高挤压筋截面

压槽型材面板厚度不小于4mm，型材截面中心部位（即对拉杆穿过部位）宜加厚

图5-10 铝合金模板面板型材断面类型

5.2.5 铝合金挤压型材质量要求

铝合金挤压型材质量要求见表5-12。

表5-12　铝合金挤压型材质量要求

型材	项目	尺寸/mm	实体允许偏差/mm	示意图例
阴角型材	宽度 a	—	±0.4	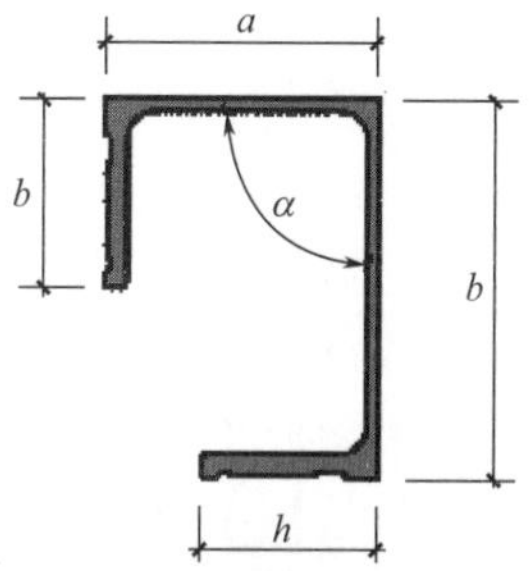
	高度 b	—	±0.4	
	角度 α	90°	$\begin{array}{c}0°\\-0.30°\end{array}$	
	转角高度 h	65	±0.4	
阳角型材	宽度	65	±0.3	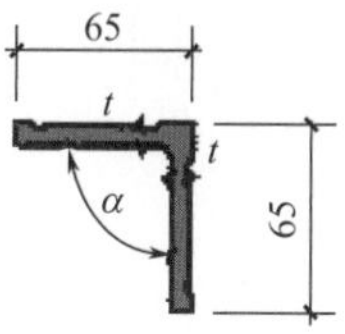
	高度	65	±0.3	
	角度 α	90°	$\begin{array}{c}0°\\-1.00°\end{array}$	
	厚度 t	≥5	±0.2	
U形材	宽度 B	≤350	$\begin{array}{c}0\\-0.8\end{array}$	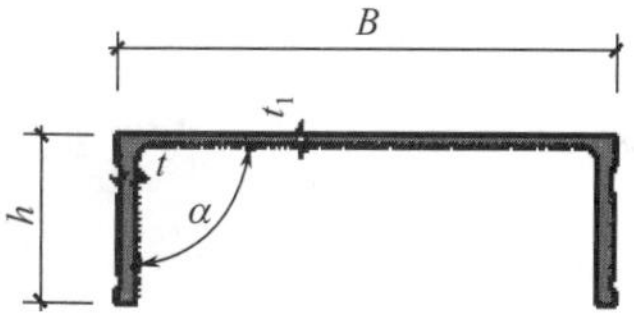
		350～600	$\begin{array}{c}0\\-1.2\end{array}$	
	板面厚度 t_1	3.5～4	-0.15	
	边肋高 h	65	±0.4	
	边框厚度 t	≥5	±0.2	
	边肋角度 α	90°	$\begin{array}{c}0°\\-0.30°\end{array}$	
端肋型材	高度 h	—	±0.3	
	厚度 t	≥5	±0.2	
次肋型材	高度 h	—	±0.3	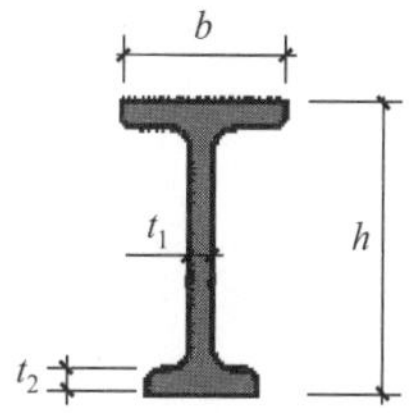
	宽度 b	—	±0.3	
	腹板厚度 t_1	≥5	±0.2	
	翼缘厚度 t_2	—	±0.2	

5.2.6　铝合金楼板模板、梁底模板的结构与规格

铝合金楼板模板、梁底模板的结构与规格如图5-11所示。

5.2.7　墙柱铝合金模板的结构和规格

墙柱铝合金模板的结构和规格如图5-12所示。

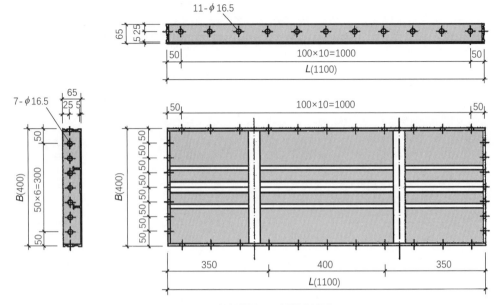

(a) 铝合金楼板模板、梁底模板的规格

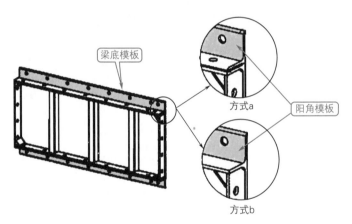

(b) 铝合金楼板模板、梁底模板的结构

图5-11 铝合金楼板模板、梁底模板的结构与规格

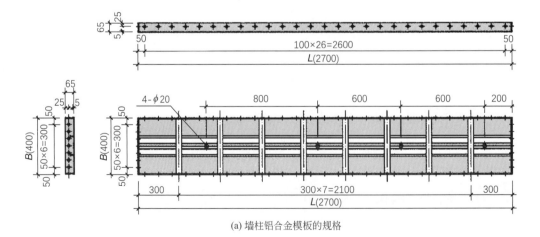

(a) 墙柱铝合金模板的规格

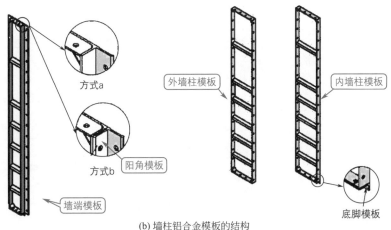

(b) 墙柱铝合金模板的结构

图5-12　墙柱铝合金模板的结构和规格

5.2.8　楼板阴角铝合金模板的结构和规格

楼板阴角铝合金模板的结构和规格如图 5-13 所示。

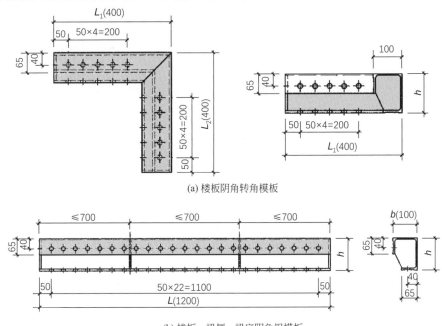

(a) 楼板阴角转角模板

(b) 楼板、梁侧、梁底阴角铝模板

图5-13　楼板阴角铝合金模板的结构和规格

5.2.9　铝合金模板标准规格

铝合金模板标准规格见表 5-13。

表5-13　铝合金模板标准规格

名称		主要参数/mm
墙柱模板	长度 L	2500/2700
	宽度 B	100/150/200/250/300/350/400

名称	主要参数/mm			
楼板、梁底模板	长度 L	1100		
	宽度 B	200/250/300/350/400/600		
楼板阴角转角模板	宽度 b	100		
	高度 h	100/110/120/130/140/150		
	长度 L_1	250/300/350/400		
	长度 L_2	250/300/350/400		
梁底支撑头	宽度 b	100	长度 L	240/290/340/390/440/490
墙柱模板	长度 L	2500/2700		
	宽度 B	100/150/200/250/300/350/400		
梁侧模板	长度 L	1200		
	宽度 B	150/200/250/300/350/400		
承接模板	长度 L	600/900/1200/1500/1800		
	宽度 B	300		
楼板、梁侧、梁底阴角模板	宽度 b	100		
	高度 h	100/110/120/130/140/150		
	长度 L	200～1800，模数50		
平面模板主要参数	面板厚度	δ=3.5/4	边肋高	h=65
	孔径	ϕ=16.5	孔距	@=50/100/150/300

5.2.10　某工程铝合金模板主要配件清单

某工程铝合金模板主要配件清单见表 5-14。

表5-14　某工程铝合金模板主要配件清单

名称	规格/mm	材质
斜撑	48×3×2000等	Q235
背楞	80×40×2.5等	Q235
对拉杆	M16～M24粗牙螺杆	Q235 或 45#
对拉片	33×3/3.5/4	Q235 或 45#
垫片	75×75×8等	Q235
底角连接角	65×40等	Q235
铝模板	δ=4	Al 6061
插销	ϕ16×50，ϕ16×130，ϕ16×195	Q235
销片	24×70×3.5，32×12×80×3（弯形）	Q235
螺栓	M16×35等	Q235
支撑	外管60×2.5×1700，内管48×3×2000	Q235

5.2.11　铝合金模板梁底支撑头的结构和规格

铝合金模板梁底支撑头的结构和规格如图 5-14 所示。

5.2.12　铝合金模板板底支撑头的结构和规格

铝合金模板板底支撑头的结构和规格如图 5-15 所示。

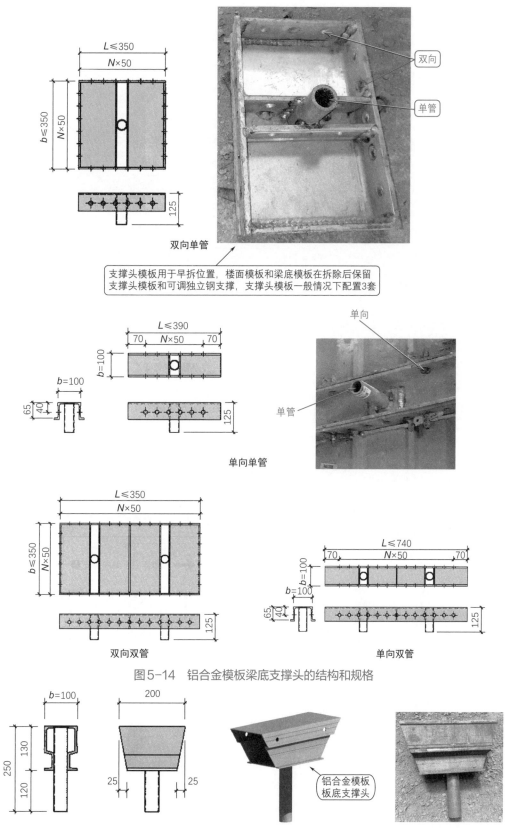

双向单管

单向单管

双向双管　　　　　　　　　单向双管

图5-14　铝合金模板梁底支撑头的结构和规格

支撑头模板用于早拆位置，楼面模板和梁底模板在拆除后保留支撑头模板和可调独立钢支撑，支撑头模板一般情况下配置3套

图5-15　铝合金模板板底支撑头的结构和规格

5.2.13　早拆铝梁的结构和规格

早拆铝梁的结构和规格如图 5-16 所示。

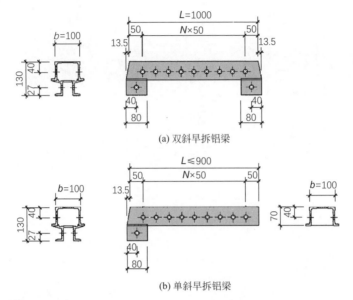

(a) 双斜早拆铝梁

(b) 单斜早拆铝梁

图 5-16　早拆铝梁的结构和规格

5.2.14　铝合金模板连接角模的结构、规格与应用

铝合金模板连接角模的结构、规格与应用如图 5-17 所示。

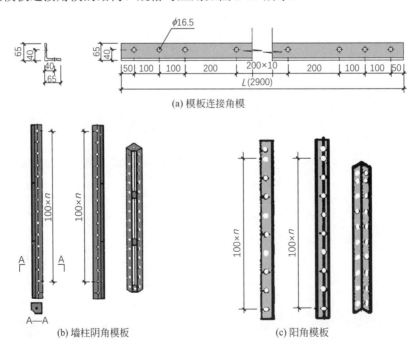

(a) 模板连接角模

(b) 墙柱阴角模板　　　　　　(c) 阳角模板

端肋(封边)

阴角转角模板

转角模板用于结构转角位置，常用于连接相互垂直的模板

转角模板包括楼板阴角模板、梁底阴角模板、梁侧阴角模板、阴角转角模板

(d) 现场安装图

图5-17　铝合金模板连接角模的结构、规格与应用

5.2.15　铝合金模板拉片的特点与应用

　　铝合金模板拉片是一块薄钢片，如图 5-18 所示。铝合金模板拉片厚度大约为 2mm，长度一般需要根据墙柱的厚度来决定。混凝土施工时，铝合金模板拉片能够将两侧的铝合金模板紧紧"拉住"，从而防止施工过程中爆模、胀模等现象发生，进而保证施工质量。

扫一扫

铝合金模板拉片的特点与应用

　　铝合金模板拉片的应用如图 5-19 所示。铝合金模板拉片的材质，一般采用高强度锰钢，每批次均需要经过拉力检测，以确保每根拉片可以承受 28kN 以上的拉力。

　　铝合金模板拉片不需要在模板面板上开孔，而是在铝合金模板边肋上铣槽，然后通过销钉安装在铝合金模板拼缝位置，连接两侧模板。混凝土凝固后，把墙身铝合金模板拆除，拉片留在混凝土中。拉片两端伸出墙面。拆除所有铝合金模板后，再把拉片的伸出部分打断。

　　有的拉片设计有应力集中的 V 形结构，断裂处在墙面内部 5mm，对后续装修工序没有影响。

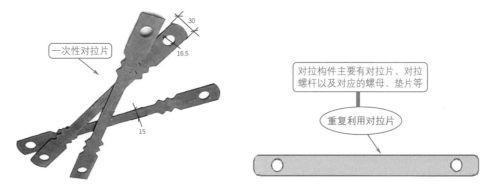

一次性对拉片

30

16.5

15

对拉构件主要有对拉片、对拉螺杆以及对应的螺母、垫片等

重复利用对拉片

图5-18　铝合金模板拉片

　　铝合金模板拉片安装前，注意存放保管好，以免生锈损坏，如图 5-20 所示。

铝合金模板拉片

铝合金
模板

铝合金
模板拉片

铝合金
模板拉片

铝合金
模板拉片

图5-19　铝合金模板拉片的应用

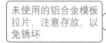

未使用的铝合金模板
拉片，注意存放，以
免锈坏

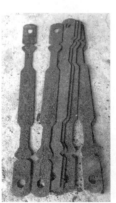

图5-20　铝合金模板拉片的存放和保管

干货与提示

　　安装墙柱铝合金模板时，最底部铝合金模板拉片距离地面一般要求不宜大于200mm，并且铝合金模板拉片布置宜下密上疏。

5.2.16 立杆支撑的特点、规格与应用

立杆支撑如图 5-21 所示。铝合金模板的立杆支撑一般采用可调的独立钢支撑。铝合金模板可调独立钢支撑的规格如图 5-22 所示。铝合金模板可调独立钢支撑应用实况如图 5-23 所示。

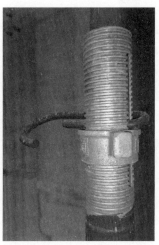

图5-21 立杆支撑

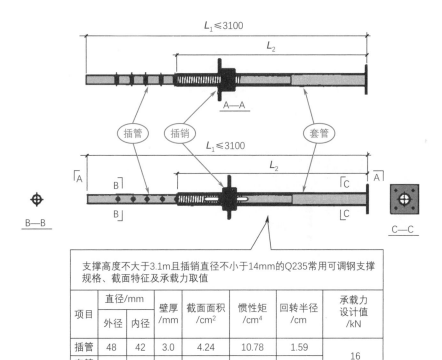

支撑高度不大于3.1m且插销直径不小于14mm的Q235常用可调钢支撑规格、截面特征及承载力取值

项目	直径/mm		壁厚/mm	截面面积/cm²	惯性矩/cm⁴	回转半径/cm	承载力设计值/kN
	外径	内径					
插管	48	42	3.0	4.24	10.78	1.59	16
套管	60	54	3.0	5.37	21.88	2.02	
插管	48	41	3.5	4.89	12.19	1.58	18
	60	53	3.5	6.21	24.88	2.00	

图5-22 铝合金模板可调独立钢支撑的规格

图5-23 铝合金模板可调独立钢支撑应用实况

> **干货与提示**
>
> 　　如果铝合金模板可调独立钢支撑立杆间距不符合要求——间距过大，则会降低支撑体系的承载能力，影响支撑体系的整体稳定性，严重的可能导致坍塌。为此，需要根据方案要求进行补设立杆支撑。同时，加强交底工作和验收工作，严格根据方案进行施工安装。另外，掌握立杆间距规范要求，例如楼板、梁底支撑配用早拆独立钢支撑间距一般不小于 1.3m×1.3m。

5.2.17　斜撑的特点、结构与应用

扫一扫
斜撑的特点、
结构与应用

　　斜撑属于加固构件，其结构如图 5-24 所示。斜撑不允许直接支撑在铝合金模板上。

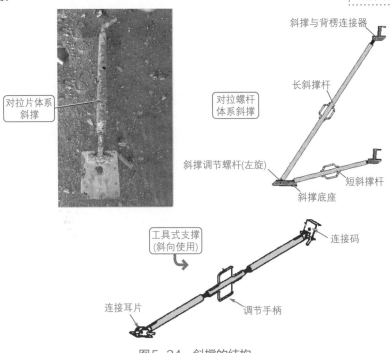

图5-24　斜撑的结构

如果斜撑设置间距过大、安装不满足要求，则需要补设斜撑、整改斜撑。如果铝合金模板斜撑设置不符合要求，则会影响模板的刚度与稳定性，容易造成后期混凝土结构浇筑时模板失稳、偏位，引发质量及安全隐患等问题。因此，需要严格根据方案要求施工，加强验收，发现问题及时解决。另外，还需要了解有关标准要求。例如柱、墙体两侧需要安装斜支撑，并且支撑距墙体端部一般不大于 500mm，支撑间距一般不大于 2000mm。宽度小于 1.2m 的墙体、剪力墙短肢一般设置不少于一道斜撑。宽度大于 2m 的墙体一般设置不少于两道斜撑。

斜撑的应用如图 5-25 所示。

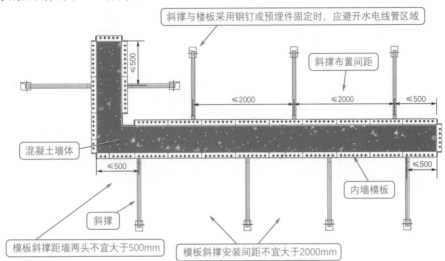

图5-25　斜撑的应用

5.2.18　脱模剂的特点与应用

脱模剂的特点与应用如图 5-26 所示。铝合金模板宜采用水性脱模剂，并且符合现行行业标准《混凝土制品用脱模剂》（JC/T 949—2021）等规定的有关要求。

5.2.19　铝合金模板方通的特点与应用

有的铝合金模板方通是空心矩形钢管。方通用于背楞时，也叫做背楞。常用钢背楞规格如图 5-27 所示。

脱模剂技术参数	
参数	数据
耐盐水性	大于12h
成膜时间	30~60min
黏度(25℃)	$(20{\sim}40){\times}10^{-3}Pa{\cdot}s$
pH值	7~8
耐温性	−15~100℃

模板使用前要均匀涂刷模板专用脱模剂，前三次要采用油性脱模剂，第四次及以后要采用水性脱模剂；冬季施工时宜采用油性脱模剂

图5-26 脱模剂的特点与应用

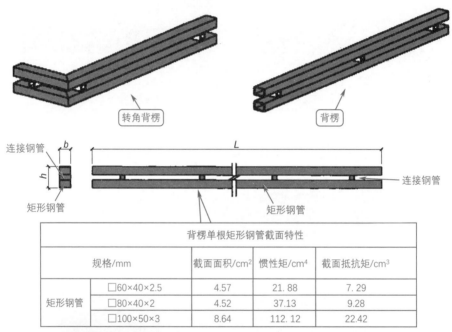

转角背楞

背楞

连接钢管

矩形钢管

连接钢管

矩形钢管

背楞单根矩形钢管截面特性				
规格/mm		截面面积/cm²	惯性矩/cm⁴	截面抵抗矩/cm³
矩形钢管	□60×40×2.5	4.57	21.88	7.29
	□80×40×2	4.52	37.13	9.28
	□100×50×3	8.64	112.12	22.42

背楞

图5-27 常用钢背楞规格

如果第一排背楞高度、螺杆间距错误，则可能导致铝合金模板墙板移动、弯曲变形，从而造成混凝土成型质量差。因此，需要严格根据方案要求施工，加强验收，补设加固，发现问题及时解决。另外，还需要了解有关标准要求。例如墙柱侧模需要采用背楞、对拉螺杆来加固，底层背楞距离板面间距一般不大于 300mm，两道背楞间距一般不大于700mm。层高 2.8～3m 的墙柱，外墙柱一般需要设置不少于 5 道背楞，内墙柱一般需要设置不少于 4 道背楞。当梁高小于 1m 时，梁侧模可不设背楞。梁高大于 1.2m 时，则需要在墙体模板上设置背楞对拉加固。梁高为 1～1.2m 时，需要设置一道背楞。铝合金模板方通的应用如图 5-28 所示。

背楞采用矩形管或其他截面形式的型材制作而成，包括直背楞、转角背楞等
双矩形管钢背楞主要用于对拉螺杆体系，单方管钢背楞主要用于对拉片体系

背楞宜采用整根配置，必要时进行搭接，接头应错位配置

铝合金模板方通扣

方通是空心矩形钢管

第一道背楞距离楼面标高不宜大于250mm

图5-28　铝合金模板方通的应用

铝合金模板方通的紧扣，往往还需要用铝合金模板方通扣来实现。铝合金模板方通扣如图 5-29 所示。

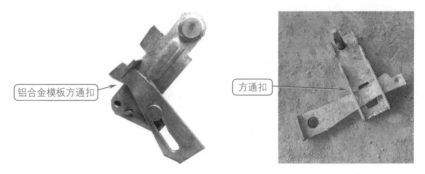

铝合金模板方通扣

方通扣

图5-29　铝合金模板方通扣

5.2.20　龙骨的特点与应用

龙骨主要用于连接小块的板，其自身也是板的一部分。龙骨的特点如图 5-30 所示。龙骨的应用如图 5-31 所示。

扫一扫

龙骨的特点与应用

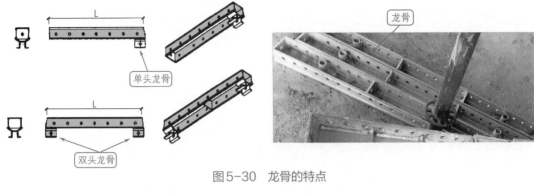

图5-30 龙骨的特点

图5-31 龙骨的应用

5.2.21 铁片、销钉的特点与应用

扫一扫
铁片、销钉的
特点与应用

销钉与铁片的外形如图 5-32 所示。销钉主要起固定作用，一般分为短销钉、中销钉、长销钉。铁片主要起到锁住销钉的作用，如图 5-33 所示。如果销钉销片间距过大，则会拼缝不严，从而引起混凝土漏浆、错台等现象，进而影响混凝土表面观感质量与后续工序施工要求。为此，如果发现漏打，则需要及时补打。天花板打销钉的间距，一般是 25cm 一个。墙柱板打销钉的间距，一般是水平方向 30cm 一个。标准板 400mm 的水平方向上一般有 2 个销钉。垂直方向根据孔位应满足每 30cm 一个。墙头板所有销钉孔位需要打满。角板洞销子一般需要满打。

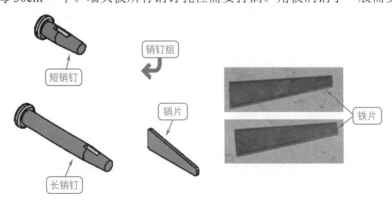

图5-32 销钉与铁片的外形

铁片主要起到锁住销钉的作用

销钉主要起固定作用，一般分为短销钉、中销钉、长销钉

图5-33　销钉与铁片的应用

干货与提示

锤子、钩子是主要的施工工具，用于加固销钉等，如图 5-34 所示。

锤子

钩子

锤子、钩子是主要的施工工具，用于加固销钉等

钩子

图5-34　锤子和钩子

5.2.22 其他配件

其他配件

扫一扫

其他配件的特点见表 5-15。

表5-15 其他配件的特点

名称	特点或者作用或者图解
"C"槽	"C"槽主要起承载和传递荷载的作用
"荷载"	"荷载"主要在龙骨中起到连接、传递的作用，其常用销钉和铁片与梁底板相连接
"拉力丝"	"拉力丝"主要是在加固过程中起作用，类似于"3"形扣作用的一种配件 "拉力丝"主要是在加固过程中起作用 "拉力丝"配件
"流星锤"	"流星锤"主要与托撑的立杆相连，多用于龙骨的下面 "流星锤"主要与托撑的立杆相连，多用于龙骨的下面 "流星锤"
垫片	垫片主要起到加厚的作用。销钉与铁片锁紧构配件时，不能做到锁紧状态的时候，则可以加厚垫片，以达到锁紧的目的
可拆锚栓组	可拆锚栓 螺栓　　垫片 可拆锚栓组
快拆锁条	快拆锁条
螺杆	螺杆主要起拉结作用，常用于墙体的固定，并且一般外套PVC管
托撑	托撑主要起到竖向荷载的传递作用 托撑
威令杆件	威令杆件主要起加固作用，类似于木模加固的钢管

5.3 铝合金模板施工与安装

5.3.1 铝合金模板总体施工流程

铝合金模板总体施工流程如图 5-35 所示。

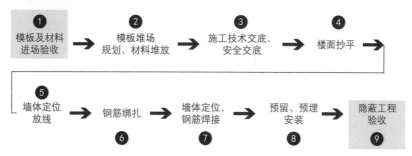

图5-35 铝合金模板总体施工流程

5.3.2 铝合金模板安装前的准备流程

铝合金模板安装前的准备流程如图 5-36 所示。

① 模板及材料进场验收 → **②** 模板堆场规划、材料堆放 → **③** 施工技术交底、安全交底 → **④** 楼面抄平 →

⑤ 墙体定位放线 → **⑥** 钢筋绑扎 → **⑦** 墙体定位、钢筋焊接 → **⑧** 预留、预埋安装 → **⑨** 隐蔽工程验收

图5-36 铝合金模板安装前的准备流程

干货与提示

部分流程现场图如图 5-37 所示。

图5-37 部分流程现场图

5.3.3　铝合金模板施工、安装的规范与要求

扫一扫

铝合金模板施工、安装的规范与要求

铝合金模板施工、安装的规范与要求如下。

① 在楼层上弹好墙柱线、墙柱控制线、洞口线等标线（图5-38），其中墙柱控制线距墙边线200mm，可检验模板是否偏位和方正；在柱纵筋上标好楼层标高控制点，墙柱的四角及转角处均设置，以便检查楼板面标高。

如果钢筋生锈，则安装模板前应采取正确的除锈方法除锈

弹好墙柱线、墙柱控制线、洞口线等标线

图5-38　标线

② 初始安装墙柱模板时，定位砖用钉子固定在混凝土面上直到外角模内侧，以保证模板安装对准放样线。

③ 安装墙柱钢筋及预埋水电箱盒、线管、预留洞口等，完毕后办理隐蔽工程验收手续。

④ 可以采用对拉螺杆进行柱墙加固，加固间距一般为1000mm左右。

⑤ 采用专用PVC套管兼内撑的标准件加固。

⑥ 安装墙顶边模、梁角模前，在构件与混凝土接触面位置，需要涂脱模剂。

⑦ 墙顶边模、梁角模与墙模板连接时，需要从上部插入销子，以防止浇筑期间销子脱落。

⑧ 安装完墙顶边模后，即可在角部开始安装板模，并且需要保证接触边已经涂好脱模剂。

⑨ 电梯井、外墙面等有连续垂直模板的地方，可以用木模外围起步板将楼板围成封闭的一周并且作为上一层垂直模板的连接组件。当第一层浇筑后，第二层将接K板作为下一层墙模的起始点。

⑩ K板起步板与墙模板连接时，安装K板前需要确保K板已进行完清洁、涂油等相关工作。为了防止销子脱落，浇筑期间销子需要从K板下边框向下插入墙外上边框。

⑪ 可以用吊线来检查K板外围起步板的定位，也就是利用直的K板外围起步板来保证下一层墙模的直线度。

⑫ 梁板模板的支撑体系采用早拆模板体系，所有立杆全部不相互连接（图5-39），利用柱墙模板的刚度来保证架体的稳定性。柱墙可以用斜撑进行加固。独立钢支撑需要垂直，不倾斜，并且不得承受偏心荷载。早拆模板体系的早拆特点如图5-40所示。

跨度大于4000mm的现浇钢筋混凝土梁、板，其模板应按设计要求起拱，当设计无具体要求时，起拱高度宜为跨度的1/1000~3/1000

可调独立钢支撑的间距不宜大于1350mm

梁板模板的支撑体系采用早拆模板体系，所有立杆全部不相互连接

可调独立钢支撑的地基应坚实平整，安装完毕后应进行垂直度校验

图5-39　梁板模板的支撑体系中所有立杆全部不相互连接

早拆模板体系效果

立杆支撑点模板不拆除

专用模板连接件

立杆及其模板在混凝土达到强度要求后才拆除

图5-40　早拆模板体系的早拆特点

⑬ 梁板铝合金模板安装完成后，应达到缝隙小、尺寸对、拼装符合要求等效果，如图5-41所示。

⑭ 铝合金模板内墙混凝土成型质量要求平整、顺直等，如图5-42所示。

图5-41 梁板铝合金模板安装完成后的效果   图5-42 铝合金模板内墙混凝土成型质量

5.4 铝合金柱模板

5.4.1 铝合金柱模板的特点

扫一扫

铝合金柱模板
的特点

铝合金柱模板的特点如图 5-43 所示。

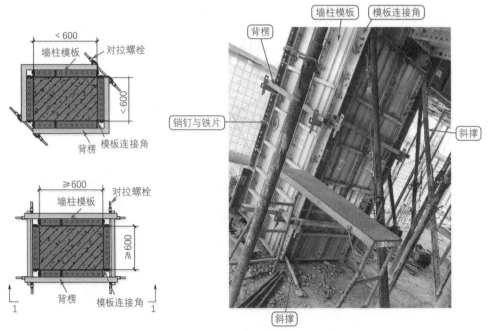

图5-43 铝合金柱模板的特点

5.4.2 铝合金柱模板的安装要求

铝合金柱模板的安装要求如图 5-44 所示。

墙柱模板安装完成后，应初步调整墙柱模板的平整度、垂直度

设置定位

混凝土浇筑前对墙柱模板下端进行封堵，防止漏浆

安装墙柱模板时，模板应有可靠安全的支撑点，防止倒塌

墙柱模板安装的其他一些要求 → 安装墙柱模板时，应及时采用临时稳固措施

→ 安装对拉构件时，应使用相配套的零件

→ 安装墙柱模板时，两侧模板对拉位置应平直相对

→ 安装外墙模板时，承接模板不得拆除

图5-44　铝合金柱模板的安装要求

干货与提示

铝合金墙柱模板施工工艺流程如图5-45所示。

❶施工准备 ➡ ❷定位放线、标高 ➡ ❸安装墙柱模板定位装置 ➡

❹安装内模与穿墙螺栓 ➡ ❺安装外模、紧固螺栓 ➡ ❻加固、检测、校正 ➡ ❼验收

图5-45　铝合金墙柱模板施工工艺流程

5.5　铝合金墙模板

5.5.1　铝合金墙模板的结构

铝合金墙模板的结构如图5-46所示。墙身模板上的插销，一般要根据孔位要求满打，并且要求插销头方向一致，以及销片尖头要全部朝下。剪力墙端头必须设置对拉螺杆。所有对拉螺杆的直径都为16mm，并且都采用粗牙的。对拉螺杆长度不能过长，一般超过螺母25mm为最佳。

铝合金墙模板的结构

扫一扫

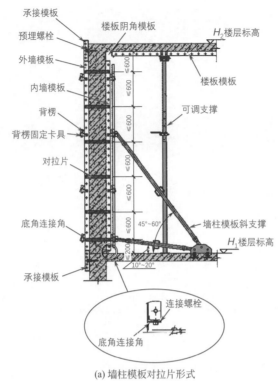

(a) 墙柱模板对拉片形式

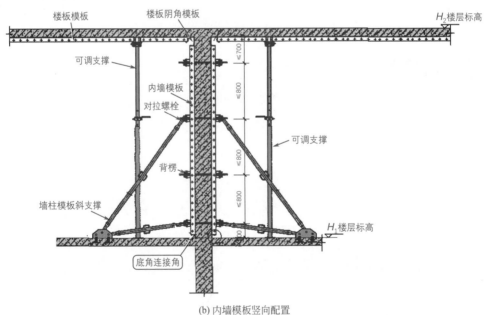

(b) 内墙模板竖向配置

图5-46 铝合金墙模板的结构

5.5.2 铝合金墙模板的安装要求与应用

对于铝合金墙模板，两个插销间距一般不能超过300mm。墙两侧的对拉螺杆孔一般要平直相对，穿插螺栓时不得斜拉硬顶。

墙模斜撑设置数量需要满足要求。如果发现问题，需要及时补设，并且墙模板斜撑需要严格根据深化图纸来施工。

每层墙模施工前，最好预埋好下层斜撑固定点，并且确定好间距。支撑距墙体端部一般不大于750mm，支撑间距一般不大于1600mm。

墙身模板一般至少采用四排背楞，并且对拉螺杆间距一般不大于800mm。

墙模板阴角、阳角需要方正平顺。

两侧墙铝合金模板可以通过方通压平，以保证墙面的平整度。通过方通扣与铝合金模板相连。内墙往往至少布置两道方通。外墙往往至少布置三道方通，并且第三道方通一般布置在顶端K板位置。

墙板底部一般需要设置小斜撑，以保证墙板对线安装。墙板顶部一般需要设置斜单顶与钢丝绳，以调节墙柱垂直度。外墙K板位置一般需要设置竖向K板背楞，以防止K板外倾。

外墙起步板的预埋螺栓需要提前在下层的混凝土内预埋牢固，并且两个螺栓间距不能超过1200mm，且单板不能少于2个。

铝合金墙模板的要求与应用如图5-47所示。

图5-47　铝合金墙模板的要求与应用

干货与提示

铝合金墙柱模板的一些安装要点如下。

① 所有墙柱模板都从阴角部位开始安装，这样可使模板保持侧向稳定。角部一块模板就可以给很长的墙墙提供足够的侧向支撑。

② 安装墙柱模板前，需保证所有模板接触面及边缘部位已进行清理和涂刷脱模剂。

③ 当墙柱角部稳定和内角模按放样线定位后，可以继续安装整面墙模。为了拆除方便，墙模与内角模连接时销子的头部应尽可能地在内角模内部。

④ 封闭墙柱模板前，需在墙模连接件上预先外套PVC管，同时要保证套管与墙两边模板面接触位置要准确，以便浇筑后能收回对拉螺栓。

⑤ 当外墙出现偏差时，必须尽快调整到正确位置。如果有两个方向发生垂直偏差，则要调整两层以上，一层调整一个方向。不要尝试通过单边提升来调整模板的对齐。如果外墙存在较大的偏差，则可能需要凿打部分混凝土以达到要求。

5.6 铝合金梁模板

5.6.1 铝合金梁模板的结构

铝合金梁模板的结构如图 5-48 所示。梁模板往往包括梁底模板、梁侧模板、支撑、背楞等部分。

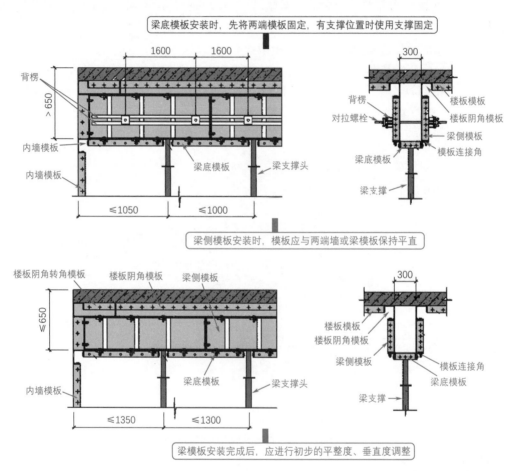

图5-48　铝合金梁模板的结构

5.6.2 铝合金梁模板的应用

安装完梁底模板后，需要对柱墙模板进行校核，垂直度、平整度均要合格。柱墙模板上口需要校直标高到位，对高出的部分底部混凝土要剔打，低出部位要进行垫高处理。

铝合金梁模板的应用如图 5-49 所示。

> **干货与提示**
>
> 安装前，板支撑梁边框需要已涂完脱模剂。

梁高 H > 950mm时，两侧模板布置两道水平背楞。梁高650mm < H ≤ 950mm时，梁侧模板布置一道水平背楞

梁底模板

梁支撑头

梁支撑

楼板角模板

梁侧模板

模板连接角

梁底模板

柱模板

图5-49　铝合金梁模板的应用

5.7　铝合金楼板模板

5.7.1　铝合金楼板模板的结构

铝合金楼板模板的结构如图 5-50 所示。楼面板、其他板面两个构件连接，最少不能少于两个插销，并且两个插销的间距不得超过 300mm。楼面模板需要平行逐件排放，可以先用销子临时固定，最后再统一打紧、固定子弹销片。楼板支撑间距需要符合设计要求，并且对中的间距一般不能超过 1300mm×1300mm。

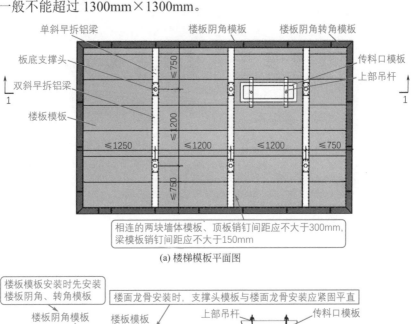

单斜早拆铝梁

板底支撑头

双斜早拆铝梁

楼板模板

楼板阴角模板

楼板阴角转角模板

传料口模板

上部吊杆

≤750

≤1200

≤750

≤1250　≤1200　≤1200　≤750

相连的两块墙体模板、顶板销钉间距应不大于300mm，梁模板销钉间距应不大于150mm

(a) 楼梯模板平面图

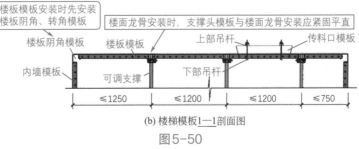

楼板模板安装时先安装楼板阴角、转角模板

楼板阴角模板

内墙模板

楼板模板

可调支撑

楼面龙骨安装时，支撑头模板与楼面龙骨安装应紧固平直

上部吊杆

下部吊杆

传料口模板

≤1250　≤1200　≤1200　≤750

(b) 楼梯模板1—1剖面图

图5-50

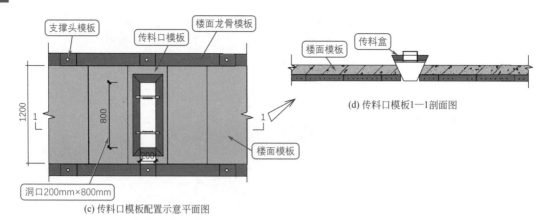

图5-50　铝合金楼板模板的结构

5.7.2　铝合金楼板模板的应用

铝合金楼板模板的应用如图5-51所示。楼面模板安装完成后，可以采用红外线水平仪逐一检测其平整度、安装标高。如果存在偏差，则可以通过模板系统可调节支撑进行校正，直到达到整体平整度及相应标高要求。

铝合金模板水电安装预埋穿梁底线管、预埋穿墙套管等情况，需要先放线定位准确后，再用专用开孔器开孔，然后穿管固定，不得采用烧焊开孔。

图5-51　铝合金楼板模板的应用

铝合金模板快拆体系需要在顶板预留传料口，并且根据设计或者图纸，确定传料口的数量、尺寸、位置，以方便模板拆除后直接通过传料口把模板传递到上一层。铝合金楼板模板预留传料口如图5-52所示。

干货与提示

多数情况下，需要根据模板布置图组装板梁。板梁用于支撑板模。用长销子、两条筋条，将板梁组合件与相邻的两个板支撑梁连接起来。

图5-52　铝合金楼板模板预留传料口

5.8　铝合金楼梯模板和其他结构铝合金模板

5.8.1　铝合金楼梯模板的结构

铝合金楼梯模板结构图例如图 5-53 所示。楼梯模板主要包括平台模板、楼梯段底板模板、梯段模板、内墙模板、阴角模板、背楞、支撑等。

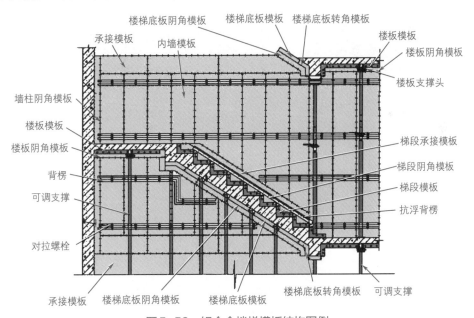

图5-53　铝合金楼梯模板结构图例

5.8.2　铝合金楼梯模板的应用

铝合金楼梯模板的应用如图 5-54 所示。

扫一扫

铝合金楼梯
模板的应用

楼梯模板应与墙体模板一起施工

楼梯底板角模板

楼梯底板

楼梯底板支撑间距宜≤800mm，为防止踏步板上浮，应沿踏步方向在踏步上设置一道背楞

梯段模板

楼梯底板转角模板

楼梯模板

楼梯

楼梯模板

楼梯

图5-54　铝合金楼梯模板的应用

5.8.3　其他结构铝合金模板

其他结构铝合金模板的特点和应用见表 5-16。

表 5-16　其他结构铝合金模板的特点和应用

名称	特点和应用
滴水线模板	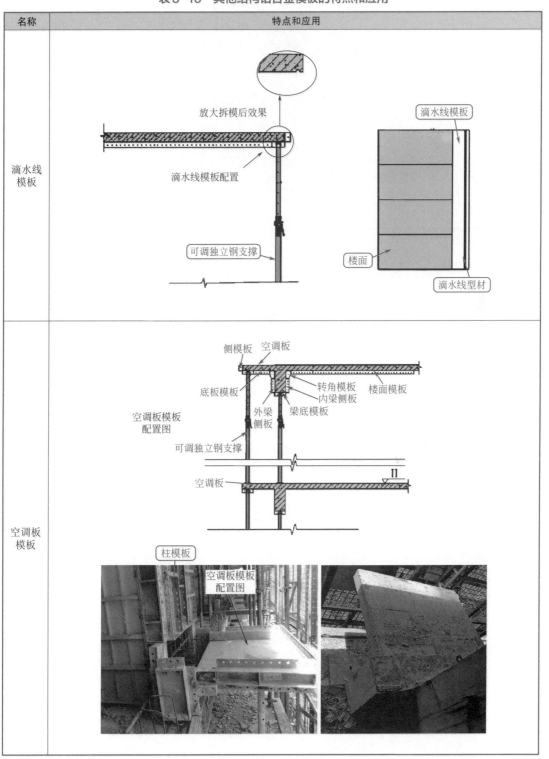
空调板模板	

续表

名称	特点和应用
门洞口模板	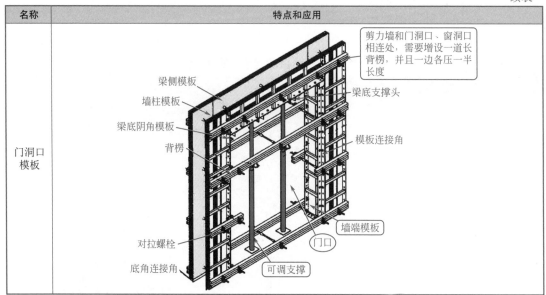

5.9 铝合金模板施工安装注意事项与拆模要求

5.9.1 铝合金模板施工、安装注意事项

铝合金模板施工、安装注意事项如下。

① 安装铝合金模板是标准化施工，需要施工的结构图、建筑图纸一定要十分准确。因为，铝合金模板加工出来后，现场安装基本上不能修改。如果确有设计等变更修改时，则需要履行一定的程序，并且需要一定的时间制作或者改动。

② 工人进场必须进行安全与技术交底、相关教育，并且要求提高安全意识。

③ 作业人员进入施工现场，必须正确佩戴安全防护用品，禁止穿拖鞋，禁止有赤膊等行为。

④ 登高作业时，连接件必须放在箱盒或工具袋中，严禁放在模板或脚手板上。

⑤ 登高作业时，扳手等工具必须系好。

⑥ 铝合金模板上架设的电线、使用的电动工具，应采用36V的低压电源或采取其他有效的安全措施。

⑦ 螺杆用套管，需要切割平整，尺寸要符合墙厚，以免造成螺杆无法取出。

⑧ 施工中，销钉、销片、螺母等铝合金模板小构件，需要安装正确。

⑨ 如果地面不平整，则墙根、柱根缝隙可以用层板或木方结合砂浆进行封堵。但是，不能只用砂浆来封堵，如图5-55所示。

⑩ 混凝土入模前，销钉、销片、螺栓均要处于拧紧状态。

⑪ 严禁斜拉、斜顶没有固定，或者严禁斜拉顶在铝合金模板上。

⑫ 不得直接用钢管顶托顶在铝合金模板上。

⑬ 角模板洞销子一般需要满打。

⑭ 对拉螺杠间距设置要合理，一般在中间、侧面有设置。

⑮ 背方搭接位置严禁用对拉螺杆加固。

如果地面不平整，则墙根、柱根缝隙可以用层板或木方结合砂浆进行封堵。但是，不能只用砂浆来封堵

图5-55　地面不平整时的做法

⑯ 销钉方向不得错误。

⑰ 电梯井空位上口需要校直，并且模板销子要满打。

⑱ 阳角对拉威令应成45°角，不能碰头。

⑲ 阴角威令一般采用斜角的。

⑳ K板接墙身板销子要满打。

㉑ 梁侧板端头上下孔必须打，间距一般不大于300mm。

㉒ 墙身板接楼面转角左右两边的孔要打销子。

㉓ 梁底接转角左右两边必须打销子。

㉔ 顶板销子两个方向两边必须打销子，中间间距一般不得大于300mm。

㉕ 对拉螺杆需要使用钢板垫片，以免单点受力。

㉖ 拐角模板一般要使用对拉螺杆。

㉗ 校正局部模板的斜拉钢丝绳不允许直接拉在铝合金模板销孔里，需要拉在专用的拉环里，并且根部要拉在预埋钢筋地锚环里。

㉘ 顶撑不允许直接顶在铝合金模板上，以免损坏铝合金模板。顶撑一般支撑在配套的顶座上。

㉙ 阴阳转角所有位置的销钉、销片，一般要满打。

㉚ 铝合金模板节点较多，需要在一层浇筑完后全数复核。

㉛ 对烟道洞、栏杆洞等难以拆除的节点模板，可以采取塑料薄膜包裹构件、等混凝土初凝后立即拆模等方式。

㉜ 工程竣工后，铝合金模板堆放在室外或库房，并且存放地面要平整，堆放高度≤1.5m。

㉝ 混凝土浇筑过程中，振捣棒不宜直接接触模板表面。

㉞ 入户门洞、景观阳台门洞，一般需要设置压槽，以便安装门后抹灰收口。

㉟ 平窗窗台为二次结构，两边剪力墙要设置压槽，以便后面的挂网抹灰。

㊱ 所有结构墙与砌体墙结合处都要设置压槽，以便后面挂网抹灰。

㊲ 砌体墙所对应的上部梁需要压槽。

㊳ 平窗一般只设置压槽，并且混凝土浇筑后应做到外高内低。

㊴ 阳角位置必须背方出头，并且用对拉螺杆锁死。

㊵ 阴角位置需要采用背方压板。

㊶ 泵管洞四方需要预埋马凳环，并且作为泵管的支撑。泵管、支撑均不得靠在铝合金模板上。

㉒加固要到位，螺杆、斜撑不得松动，以免浇筑时发生爆模、爆点等现象。

5.9.2 铝合金模板拆模要求

铝合金模板拆模的一些要求如下。

①不得暴力拆模，以免型材变形、损坏。

②拆模前，需要做好交底工作。

③拆模时，需要控制拆模力度，使主体结构与模板分离即可，不得用力过大，致使发生模板变形、破坏等现象。

④拆除前，需要架设工作平台，以保证安全。

⑤模板拆除时，混凝土强度必须达到设计允许值才可以进行。

⑥拆除模板时，不可松动、碰撞支撑杆。

⑦拆下模板后应立即清理模板上的污物，及时刷涂脱模剂。

⑧施工过程中，弯曲变形的模板应及时运到加工场进行校正。

⑨拆下的配件，要及时清理、清点、转移到上一层。

⑩拆下的模板，可以通过预留专递孔或楼板空洞传运到上层。

⑪拆下的零散配件，可以通过楼梯搬运到上层。

干货与提示

楼面模板支撑拆卸图例如图 5-56 所示。梁模板支撑拆卸图例如图 5-57 所示。

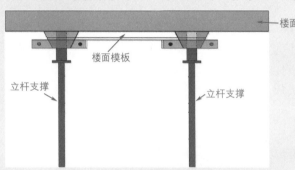

图5-56　楼面模板支撑拆卸图例

拆模过程中，若遇到有托撑处，则不能拆除。应等混凝土达到一定强度后方可拆除，一般要配托撑立杆、"流星锤"等构配件

图5-57　梁模板支撑拆卸图例

5.10　铝合金模板质量要求

5.10.1　铝合金模板安装允许偏差与检验法

铝合金模板安装允许偏差与检验法如图5-58所示。

铝合金模板安装的允许偏差及检验法

项目	允许偏差/mm	检验法	检查要点
模板垂直度	3	水准仪或吊线、钢尺检查	应在允许偏差范围内
梁侧、墙、柱模板平整度	3	水准仪或吊线、钢尺检查	应在允许偏差范围内
墙、柱、梁模板轴线位置	3	水准仪或钢尺检查	
底模上表面标高	±5	水准仪或拉线、钢尺检查	
柱、墙、梁截面内部尺寸	-5，+4	钢尺检查	
单跨楼板模板的长宽尺寸累计误差	±5	水准仪或钢尺检查	
相邻模板表面高低差	1.5	钢尺检查	
梁底模板、楼板模板表面平整度	3	水准仪或2m靠尺、塞尺检查	
相邻模板拼接缝隙宽度	≤1.5	塞尺检查	要平整、严密
模板安装			要符合模板施工图
模板定位	3	钢尺检查	标高、轴线要在允许偏差范围内
与混凝土接触面			要清理干净，不应有积水、杂物
外墙承接模板			要牢固可靠，无松动

图5-58　铝合金模板安装允许偏差与检验法

5.10.2　独立支撑质量要求

独立支撑质量要求如图5-59所示。

独立支撑允许偏差及检验法

项目	允许偏差	检验法	检查要点
支撑稳定性	—	—	着力点牢固、可靠
支撑布置	—	—	要符合模板(支撑)施工图
支撑规格	—	—	规格、尺寸、间距应符合施工方案
上下层对齐	≤10mm	钢尺检查	上下层支撑要对齐中心受力
垂直度	≤层高的1/300，且≤10mm	目测/钢尺检查	不倾斜受力

图5-59　独立支撑质量要求

5.10.3 配件质量要求

配件质量要求见表 5-17。

表5-17 配件质量要求

项目	要求
卡具	无漏装，规格、间距符合要求
预埋件、孔洞	数量、规格要符合要求，加固可靠
背楞	数量、规格、间距要符合要求
销钉、销片	要紧固牢靠，间距符合要求
对拉片	要无漏装，规格、间距符合要求
对拉螺杆	要无漏装，规格、间距符合要求

5.10.4 预留孔质量要求

预留孔质量要求如图 5-60 所示。

预埋件、预留孔、预留洞允许偏差		
项目		允许偏差/mm
预埋螺栓	中心线位置	2
	外露长度	+10，0
预留洞	中心线位置	10
	尺寸	+10，0
预埋管、预留孔中心线位置		3

图5-60 预留孔质量要求

5.10.5 铝合金模板质量检查点与检查法

铝合金模板质量检查点与检查法见表 5-18。

表5-18 铝合金模板质量检查点与检查法

检查项		项性质	检查点数	检查法
销孔	沿板宽度的孔中心距	主要项目	2	检查任意间距的两孔中心距
	沿板长度的孔中心距	主要项目	3	检查任意间距的两孔中心距
	孔中心与板面的间距	主要项目	3	检查两端、中间部分
	孔直径	一般项目	3	检查任意孔
端肋与边框的垂直度		主要项目	2	直角尺一侧与板侧边贴紧检查，另一边检查与板端的间隙
端肋组装位移		一般项目	3	检查两端及中间部位
凸楞直线度		一般项目	2	沿板长度方向靠板侧凸楞面测量最大值，两个侧面各取一点

续表

检查项		项性质	检查点数	检查法
板面平面度		主要项目	3	检查沿板面长度方向、对角线部位测量最大值
焊缝		一般项目	3	检查所有焊缝
阴角模板垂直度		主要项目	3	检查两端、中间部位
连接角模垂直度		主要项目	3	检查两端、中间部位
外形尺寸	长度	主要项目	3	检查两端、中间部位
	宽度	主要项目	3	检查两端、中间部位
	对角线差	主要项目	1	检查两对角线的差值
	面板厚度	主要项目	3	检查任意部位
	边框高度	主要项目	3	检查两侧面的两端、中间部位
	边框厚度	一般项目	3	检查两侧面的两端、中间部位
	边框及端肋角度	一般项目	3	检查两端、中间部位

第6章

其他模板

6.1 聚苯模板

6.1.1 聚苯模板的基础知识

聚苯模板混凝土楼盖，就是采用聚苯模板的双向或单向密肋混凝土楼板构件。其中的聚苯模板，就是采用发泡聚苯乙烯与龙骨在工厂制成的，用于现浇混凝土楼盖施工。聚苯模板具有保温、隔热、隔声等特点。聚苯模板是不需要拆除的模板。

聚苯板外形如图 6-1 所示。聚苯模板的结构与类型如图 6-2 所示。

图6-1 聚苯板外形

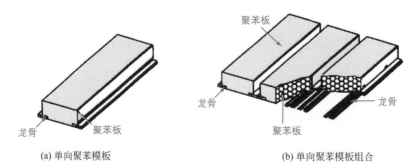

(a) 单向聚苯模板　　　　　　　　　(b) 单向聚苯模板组合

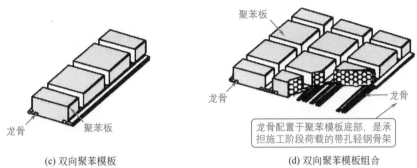

（c）双向聚苯模板　　　　　　　　　（d）双向聚苯模板组合

图6-2　聚苯模板的结构与类型

6.1.2　聚苯模板尺寸规定要求

聚苯模板尺寸规定要求如下。

① 垂直龙骨方向模板凹槽深度不应小于40mm，并且不宜大于320mm。

② 聚苯模板下缘厚度不应小于30mm。

③ 单块聚苯模板长度不宜大于12m。

④ 聚苯模板标准宽度应为600mm。垂直龙骨方向的模板凹槽宽度宜为120mm，并且不应小于80mm。

⑤ 聚苯模板厚度不应小于70mm，并且不宜大于350mm。

⑥ 沿龙骨方向模板凹槽深度不应小于30mm，并且不宜大于310mm。

⑦ 聚苯模板的尺寸允许偏差见表6-1。

表6-1　聚苯模板的尺寸允许偏差

项目	允许偏差/mm	检查法
长度	−5，+3	直尺量测
宽度	−5，+1	直尺量测
厚度	±2	直尺量测
龙骨厚度	±0.1	游标卡尺

⑧ 聚苯模板规格参数见表6-2。

表6-2　聚苯模板规格参数

聚苯模板规格	聚苯模板厚度/mm	垂直龙骨方向凹槽深度/mm	模板下缘厚度/mm	沿龙骨方向凹槽深度/mm	沿龙骨方向凹槽宽度/mm	聚苯模板楼盖传热系数/[W/(m²·K)]	聚苯模板宽度/mm	垂直龙骨方向凹槽宽度/mm
4/3	70	40	30	30	120	1.260	600	120
5/3	80	50	30	40	120	1.160	600	120
6/3	90	60	30	50	120	1.080	600	120
7/3	100	70	30	60	120	1.000	600	120
8/3	110	80	30	70	120	0.930	600	120
9/3	120	90	30	80	120	0.870	600	120
10/3	130	100	30	90	120	0.810	600	120
11/3	140	110	30	100	120	0.760	600	120
12/3	150	120	30	110	120	0.710	600	120
13/3	160	130	30	120	120	0.670	600	120

续表

聚苯模板规格	聚苯模板厚度/mm	垂直龙骨方向凹槽深度/mm	模板下缘厚度/mm	沿龙骨方向凹槽深度/mm	沿龙骨方向凹槽宽度/mm	聚苯模板楼盖传热系数/[W/(m²·K)]	聚苯模板宽度/mm	垂直龙骨方向凹槽宽度/mm
14/3	170	140	30	130	120	0.635	600	120
15/3	180	150	30	140	120	0.600	600	120
16/3	190	160	30	150	120	0.565	600	120
17/3	200	170	30	160	120	0.530	600	120
18/3	210	180	30	170	120	0.500	600	120
19/3	220	190	30	180	120	0.480	600	120
20/3	230	200	30	190	120	0.465	600	120
21/3	240	210	30	200	120	0.450	600	120
22/3	250	220	30	210	120	0.430	600	120
23/3	260	230	30	220	120	0.410	600	120
24/3	270	240	30	230	120	0.400	600	120
25/3	280	250	30	240	120	0.390	600	120
26/3	290	260	30	250	120	0.380	600	120
27/3	300	270	30	260	120	0.370	600	120
28/3	310	280	30	270	120	0.360	600	120
29/3	320	290	30	280	120	0.355	600	120
30/3	330	300	30	290	120	0.350	600	120
31/3	340	310	30	300	120	0.345	600	120
32/3	350	320	30	310	120	0.340	600	120

6.1.3 发泡聚苯乙烯的要求

用于制作聚苯模板的发泡聚苯乙烯的要求如图 6-3 所示。

图6-3 用于制作聚苯模板的发泡聚苯乙烯的要求

6.1.4 龙骨的要求

聚苯模板的龙骨截面高度一般为 40mm，龙骨展开宽度一般为 212mm。龙骨两个腹板、嵌固在聚苯模板内部的下翼缘需要均匀开孔，并且孔直径一般为 22 mm，孔间距一般为 40mm。

制作龙骨的钢带的规定要求如图 6-4 所示。

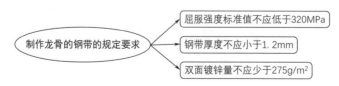

图6-4 制作龙骨的钢带的规定要求

单块模板中龙骨在受力方向需要连续，不能采用任何形式的连接。

6.1.5 聚苯模板工程的要求

聚苯模板工程的要求如下。

① 聚苯模板一般需要在工厂加工。如果需要在现场切割时，聚苯模板宜采用钢锯条切割，龙骨宜采用无齿锯切割，严禁采用电气焊。

② 聚苯模板现场开槽时宜采用热熔方法。切割或开槽时，需要采取可靠的防火与防止聚苯模板碎块撒落的措施。

③ 聚苯模板拼装时，模板的企口需要合槽，拼缝要严密。拼缝局部破损的地方，可以采用聚氨酯发泡胶等进行密封。

④ 聚苯模板混凝土楼盖施工过程中，不得损伤聚苯模板。

⑤ 聚苯模板局部破损处，可以采用同材质聚苯板黏结修补，聚苯模板破损严重的不得使用。

⑥ 预留的竖向管道的套管，需要避开聚苯模板的龙骨、肋梁。

⑦ 聚苯模板支撑体系，需要根据专项施工方案搭设。支撑梁间距不宜大于表 6-3 的规定。

表6-3　支撑梁间距要求

模板厚度 h/mm	$h{\leqslant}130$	$130{<}h{\leqslant}180$	$180{<}h{\leqslant}350$
支撑梁间距限值/m	1.5	1.4	1.3

注：模板厚度 h 大于350mm时，应经试验确定支撑梁间距。

6.1.6 聚苯模板安装的允许偏差

聚苯模板安装的允许偏差见表 6-4。

表6-4　聚苯模板安装的允许偏差

项目	允许偏差/mm	检验法
模板拼缝	2	塞尺检查
支撑梁间距	20	钢尺检查
立杆间距	20	钢尺检查
模板上表面标高	±2	水准仪或拉线、钢尺检查
相邻两板表面高低差	5	钢尺检查
模板下表面平整度	2	2m 靠尺和塞尺检查

6.1.7 聚苯模板预埋件、预留孔洞的允许偏差

聚苯模板混凝土楼盖预留洞口中的预埋件需要安装牢固，其允许偏差需要符合表 6-5 的规定。

表6-5　预埋件、预留孔洞的允许偏差

项目		允许偏差/mm
预留洞	中心线位置	10
	尺寸	+10，0
预埋钢板中心线位置		3
预埋管、预留孔中心线位置		3

6.2　铝塑模板

6.2.1　铝塑模板成品制作质量标准

铝塑模板，就是面板为塑料模板，外框和内肋为铝合金型材的模板。铝塑模板成品制作质量标准见表6-6。

表6-6　铝塑模板成品制作质量标准

项目		要求尺寸	允许偏差
外形尺寸	长度/mm	L	-1
	宽度/mm	B	-0.8
	肋高/mm	65	+0.5
板面端部封边与边框的垂直度/（°）		90	±0.20
板面平整度/mm		宽度方向	±0.8
		长度方向	±1.1
内肋	内肋高度差	—	—
	两端内肋组装位移误差/mm	±0.3	±0.6
焊缝	内肋与边框焊缝长度/mm	30	+5
	内肋与边框焊缝高度/mm	4	+1
角模的垂直度/（°）		90	≤1
销孔	沿板长度的孔中心距/mm	$n×100$	±0.5
	沿板宽度的孔中心距/mm	—	±0.5
	孔中心与板面间距/mm	40	+0.5
	孔直径/mm	16.5	+0.25

6.2.2　铝塑模板底模拆除时混凝土的强度要求

铝塑模板底模拆除时混凝土的强度要求见表6-7。

表6-7　铝塑模板底模拆除时混凝土的强度要求

类型	构件跨度/m	达到设计要求的混凝土立方体抗压强度标准值的比例/%
板	≤2	≥50
	>2，≤8	≥75
	>8	≥100
梁	≤8	≥75
	>8	≥100
悬臂构件	—	≥100

6.2.3 铝塑模板预埋件、预留孔洞允许偏差

铝塑模板预埋件、预留孔洞允许偏差见表6-8。

表6-8　铝塑模板预埋件、预留孔洞允许偏差

项目		允许偏差/mm
预埋螺栓	中心线位置	2
	外露长度	0～10
预留洞	中心线位置	10
	尺寸	0～10
预埋管、预留孔中心线位置	中心线位置	3

6.2.4 铝塑模板安装的允许偏差及检验法

铝塑模板安装的允许偏差及检验法见表6-9。

表6-9　铝塑模板安装的允许偏差及检验法

项目		允许偏差/mm	检验法
单跨楼板模板的长宽尺寸累计误差		±5	水准仪或钢尺检查
相邻模板表面高低差		1.5	钢尺检查
梁底模板、楼板模板表面平整度		3	水准仪或2m靠尺塞尺检查
相邻模板拼接缝隙宽度		≤1.5	塞尺检查
模板垂直度		5	水准仪或吊线、钢尺检查
梁侧、墙、柱模板平整度		3	水准仪或吊线、钢尺检查
墙、柱、梁模板轴线位置		3	水准仪或钢尺检查
底模上表面标高		±5	水准仪或拉线、钢尺检查
截面内部尺寸	柱、墙、梁	-5，+4	钢尺检查

注：检查轴线位置时，需要沿纵、横两个方向量测，并且取其中的较大值。

6.3　滑模、爬模、台模与压型钢板模板

6.3.1　滑模、爬模的结构

滑模与爬模结构见表6-10。

⚡ **干货与提示**

爬升模板宜采用由钢框胶合板等组合成的大模板。爬升模板高度应为标准层层高加100～300mm。模板、爬架背面需要附有爬升装置。

表6-10   滑模与爬模结构

名称	结构
滑模结构	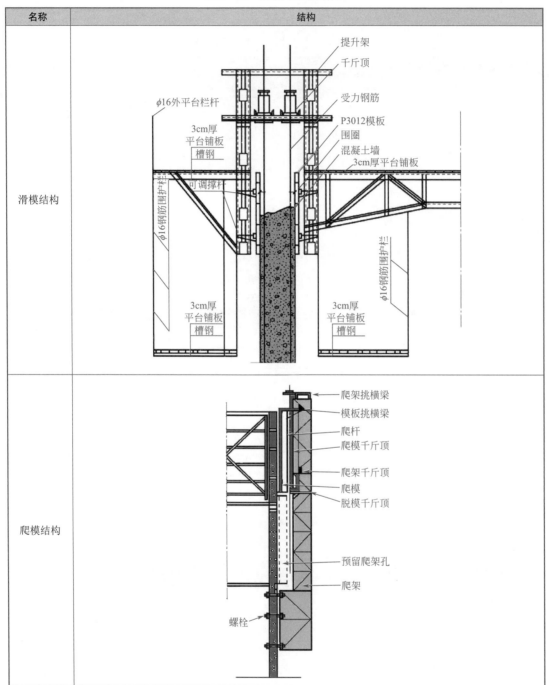
爬模结构	

6.3.2   台模、压型钢板模板的结构

台模、压型钢板模板结构见表 6-11。

表6-11 台模、压型钢板模板结构

名称	结构
台模结构	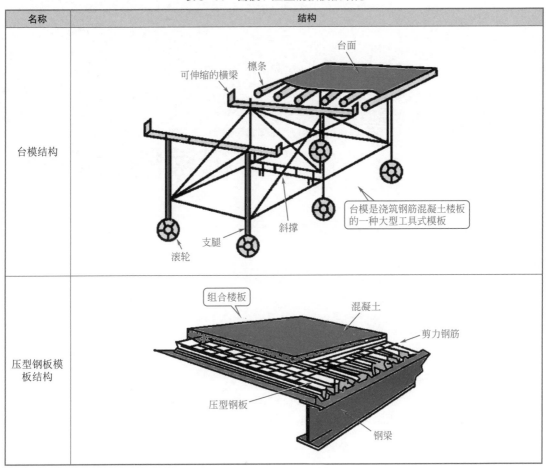
压型钢板模板结构	

第7章

模板图的识读

7.1 铝合金模板图的基础知识

7.1.1 铝合金模板图纸的代号

常见的模板图包括配板平面布置图、大模板配板设计图、拼装节点图、配件加工详图、节点和特殊部位支撑图等。

铝合金模板施工图纸上，往往采用代码表示模板配件。常见配件、结构代码见表7-1。由于不同的铝合金模板产品，其代码不同，因此，后续模板命名中会出现不同的代码。

表7-1 常见配件、结构代码

代码	含义	代码	含义	代码	含义
AZ	暗柱	JL	基础梁	TGB	天沟板
B	楼板	J	基础	TJ	托架
CB	槽形板	KB	空心板	TL	楼梯梁
CC	垂直支撑	KJ	框架	T	梯
CJ	天窗架	KL	框架梁	WB	屋面板
CT	承台	KZL	框支梁	WJ	屋架
C	"C"槽	KZ	框架柱	WKL	屋面框架梁
DGL	轨道连接	LD	梁垫	WL	屋面梁
DG	地沟	LL	连系梁	W	钢筋网
DL	吊车梁	LT	檩条	YB	挡雨板
DQ	挡土墙	MB	密肋板	YP	雨篷
E	梁底	M	预埋件	YT	阳台
GB	盖板或沟盖板	QL	圈梁	ZB	折板
GJ	刚架	R	威令杆件	ZC	柱间支撑
GL	过梁	SC	水平支撑	ZH	桩
GZ	构造柱	SJ	设备基础	ZJ	支架
G	钢筋骨架	TB	楼梯板	Z	柱

干货与提示

安装模板时，可以根据配件上的标注来判断模板安装的建筑部位类型。预制混凝土构件、现浇混凝土构件、钢构件、木构件，一般可以采用上述构件代号。除了混凝土构件可以不注明材料代号外，其他材料的构件可在构件代号前加注材料代号，并且一般会在图纸中加以说明。预应力混凝土构件的代号，一般在构件代号前会加注"Y"。

7.1.2 墙模板命名的识读技巧

有的铝合金模板产品标记，是由模板类型代号、宽度尺寸、长度尺寸、附加功能代号等组成的，其排列顺序如图 7-1 所示。

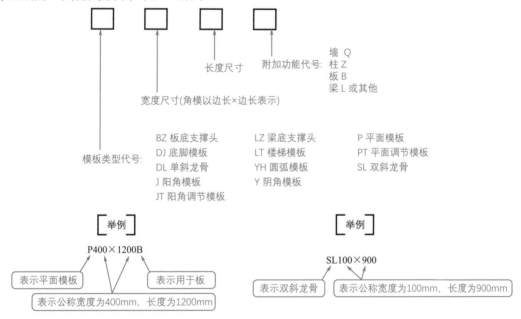

图7-1 铝合金模板产品标记

墙模板命名的识读技巧如图 7-2 所示。

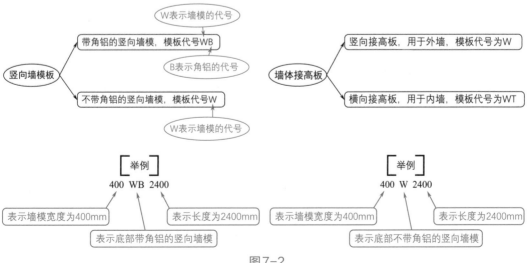

图7-2

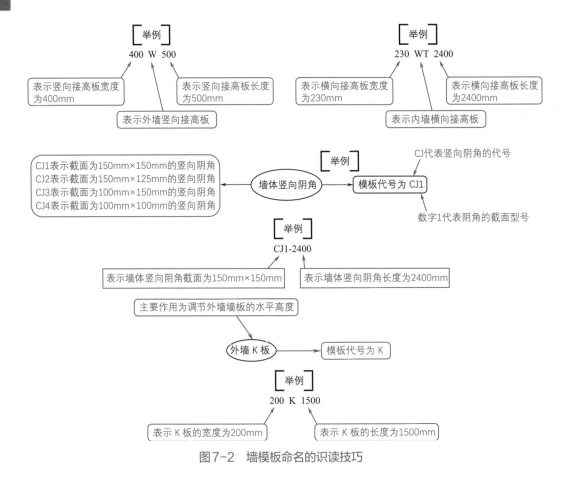

图7-2 墙模板命名的识读技巧

7.1.3 梁模板命名的识读技巧

梁模板命名的识读技巧如图 7-3 所示。

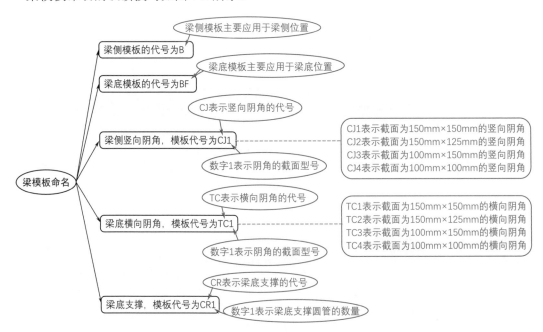

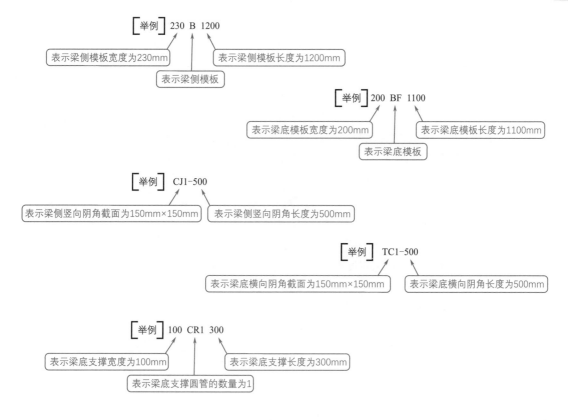

图7-3　梁模板命名的识读技巧

7.1.4　楼面模板命名的识读技巧

楼面模板命名的识读技巧如图7-4所示。

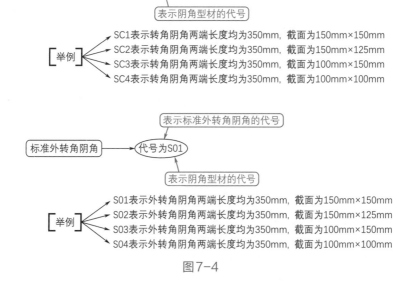

图7-4

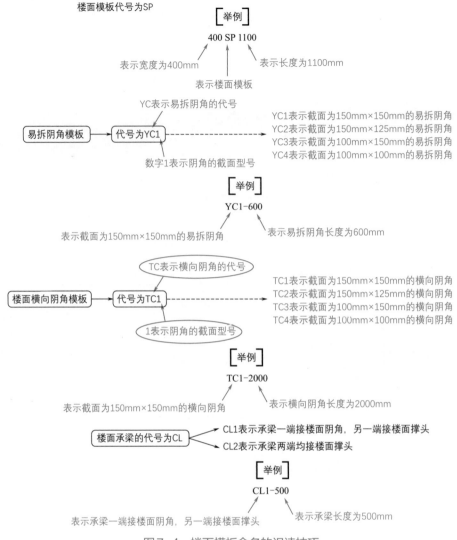

图7-4　楼面模板命名的识读技巧

7.1.5　模板安装编码图编码规律

根据工程安装需求，一般会有输出模板安装编码图。模板的安装编码，一般由客户编码、项目代号、分区编号、部位代号、排列序号等组成，其排列规律如图 7-5 所示。

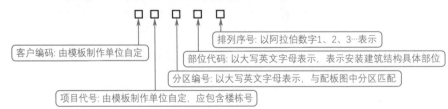

图7-5　模板安装编码图排列规律

7.1.6　某铝合金模板的编码规律及解读

某铝合金模板的编码规律采用 3 位数字 + 字母 +4 位数字组成，其中第一位至第三位数字组合起来表示模板宽度。第四位字母表示铝合金模板用途命名。第五位、第六位、第七位数字（第八位数字）组合起来，表示铝合金模板长度或阴角的长度。模板宽度、模板长度单位均为 mm。具体如图 7-6 所示。

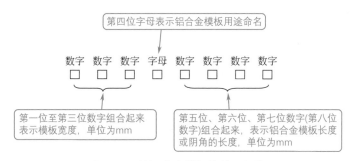

图7-6　某铝合金模板的编码规律

主要铝合金模板构件表达形式见表 7-2。

表7-2　主要铝合金模板构件表达形式

代码	表达构件	举例
D	梁底模板	200D1200表示宽200mm、长1200mm的梁底模板
DC	梁底晚拆头（飘台晚拆）	100DC200表示宽100mm、长200mm的梁底晚拆头
DL	墙端头模板	200DL2100表示宽200mm、长2100mm的墙端头模板
E	阴角模板	E1800表示截面100mm×150mm、长1800mm的阴角模板
Lc	楼面晚拆头	100Lc200表示宽100mm、长200mm的楼面晚拆头
Ls	楼面双斜边早拆铝梁（双支撑龙骨接头）	100Ls1100表示宽100mm、长1100mm的楼面双斜边早拆铝梁
P	平面模板	400P1200表示宽400mm、长1200mm的平面模板
P×××K	平面开孔模板	450P2400K表示宽450mm、长2400mm的平面开孔模板
PCL	平模板侧边带角铝	450PCL1500表示宽450mm、长1500mm的平模板侧边带角铝
PG	平面工字钢模板	400PG2700表示宽400mm、长2700mm的平面工字钢模板
PG×××K	平面开孔工字钢板	400PG2700K表示宽400mm、长2700mm的平面开孔工字钢
T	连接角模	T1200表示长1200mm的连接角模
TY	顶阴角模板	TY600表示长600mm的顶阴角模板
Y	阴角模板	Y1800表示截面150mm×150mm、长1800mm的阴角模板

7.2　具体铝合金模板图纸的识读

7.2.1　铝合金模板拼板图的识读

铝合金模板平面施工总图中一般会标出各种构件的型号、位置、数量、尺寸、标高，以及相同或略加拼补即相同的构件的替代关系、编号，以减少配板的种类、数量，明确模板的替代流向和位置。

看图时，读懂模板配板的平面布置，支撑布置，板、柱、梁的尺寸，各配板的标志、型号、尺寸、布置。把握纵横龙骨规格、数量、排列尺寸，柱箍形式、间距，支撑系统竖向支撑、侧向支撑、横向拉接件的型号、间距。

铝合金模板拼板图的识读

扫一扫

看图时，有时需要将模板平面布置配板图、分块图、组装图、节点大样图、零件及非定型拼接件加工图等几种图结合起来综合看。

铝合金模板拼板图识读图解如图 7-7 和图 7-8 所示。

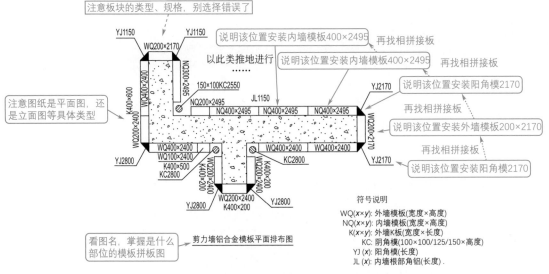

图7-7　铝合金模板拼板图识读图解（一）

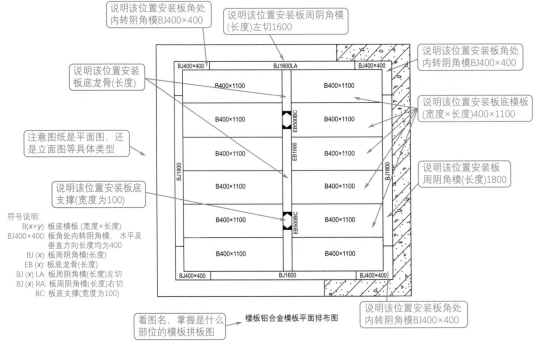

图7-8　铝合金模板拼板图识读图解（二）

7.2.2　识读铝合金模板图纸时的图物对照

识读某铝合金模板图纸时的图物对照如图 7-9 所示。

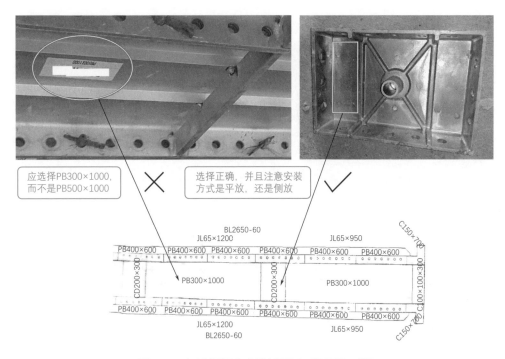

图7-9　识读某铝合金模板图纸时的图物对照

铝合金模板图纸的识图,看看实际模板安装特点,这样看图纸时就容易多了。为了便于理解图纸,特列举一些实际模板安装工况,如图7-10所示。

图7-10　一些实际模板安装工况

7.3 其他模板图

7.3.1 小钢模拼装图的识读技巧

某小钢模拼装图的识读如图 7-11 所示。

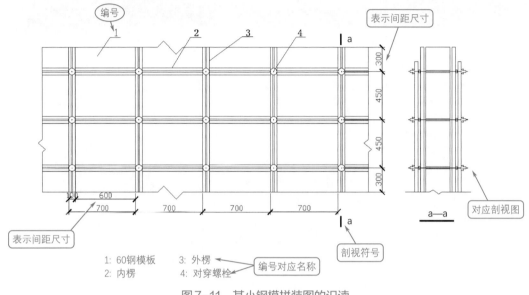

1: 60钢模板　3: 外楞
2: 内楞　　　4: 对穿螺栓

图7-11　某小钢模拼装图的识读

7.3.2 钢模板拼装示意图的识读

某钢模板拼装示意图的识读如图 7-12 所示。

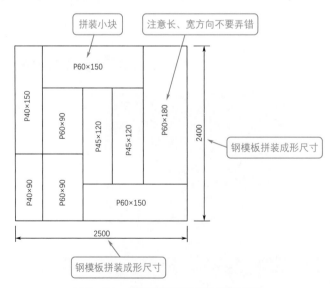

图7-12　某钢模板拼装示意图的识读

第 3 篇

精 通 篇

第 8 章

计算速用速查

8.1 现浇混凝土模板的计算

8.1.1 现浇混凝土模板面板的计算

现浇混凝土模板面板有关计算公式见表 8-1。

表8-1 现浇混凝土模板面板有关计算公式

项目	公式	备注
钢面板抗弯强度的计算	$\sigma = \dfrac{M_{\max}}{W_{n}} \leqslant f$	式中 $M_{\max}$——最不利弯矩设计值，一般取均布荷载与集中荷载 　　　　　分别作用时计算结果的大值； 　　　W_{n}——净截面抵抗矩； 　　　f——钢材的抗弯强度设计值
木面板抗弯强度的计算	$\sigma_{m} = \dfrac{M_{\max}}{W_{m}} \leqslant f_{m}$	式中 W_{m}——木板毛截面抵抗矩； 　　　f_{m}——木材抗弯强度设计值
胶合板面板抗弯强度的计算	$\sigma_{j} = \dfrac{M_{\max}}{W_{j}} \leqslant f_{jm}$	式中 W_{j}——胶合板毛截面抵抗矩； 　　　f_{jm}——胶合板的抗弯强度设计值
挠度的计算	$v = \dfrac{5q_{g}L^{4}}{384EI_{x}} \leqslant [v]$ $v = \dfrac{5q_{g}L^{4}}{384EI_{x}} + \dfrac{PL^{3}}{48EI_{x}} \leqslant [v]$	式中 q_{g}——恒荷载均布线荷载标准值； 　　　P——集中荷载标准值； 　　　E——弹性模量； 　　　I_{x}——截面惯性矩； 　　　L——面板计算跨度； 　　　$[v]$——允许挠度

8.1.2 次、主楞梁抗弯强度的计算

现浇混凝土模板次、主楞梁抗弯强度的计算见表 8-2。

表8-2 现浇混凝土模板次、主楞梁抗弯强度的计算

项目	公式	备注
次、主钢楞梁抗弯强度的计算	$\sigma = \dfrac{M_{\max}}{W} \leqslant f$	式中 $M_{\max}$——最不利弯矩设计值，一般从均布荷载产生的弯矩设计值、 　　　　　均布荷载与集中荷载产生的弯矩设计值、悬臂端产生的弯 　　　　　矩设计值三者中，选取计算结果较大者； 　　　W——截面抵抗矩； 　　　f——钢材抗弯强度的设计值

续表

项目	公式	备注
次、主铝合金楞梁抗弯强度的计算	$\sigma = \dfrac{M_{\max}}{W} \leqslant f_{\text{lm}}$	式中 f_{lm}——铝合金抗弯强度的设计值
次、主木楞梁抗弯强度的计算	$\sigma = \dfrac{M_{\max}}{W} \leqslant f_{\text{m}}$	式中 f_{m}——木材抗弯强度的设计值

8.1.3 次、主楞梁抗剪强度的计算

现浇混凝土模板次、主楞梁抗剪强度的计算见表 8-3。

表8-3 现浇混凝土模板次、主楞梁抗剪强度的计算

项目	公式	备注
主平面内受弯的钢实腹构件抗剪强度的计算	$\tau = \dfrac{VS_0}{It_{\text{w}}} \leqslant f_{\text{v}}$	式中 V——计算截面沿腹板平面作用的剪力设计值； S_0——计算剪力应力处以上毛截面对中和轴的面积矩； I——毛截面惯性矩； t_{w}——腹板厚度； f_{v}——钢材的抗剪强度设计值
主平面内受弯的木材实截面构件抗剪强度的计算	$\tau = \dfrac{VS_0}{Ib} \leqslant f_{\text{v}}$	式中 b——构件的截面宽度； f_{v}——木材顺纹抗剪强度设计值； V——计算截面沿腹板平面作用的剪力设计值； S_0——计算剪力应力处以上毛截面对中和轴的面积矩； I——毛截面惯性矩

8.1.4 对拉螺栓强度的计算

对拉螺栓需要确保内侧、外侧模能满足设计要求的强度、刚度、整体性。对拉螺栓强度的计算见表 8-4。

表8-4 对拉螺栓强度的计算

项目	公式	备注
对拉螺栓强度	$N = abF_{\text{s}}$ $N_{\text{t}}^{\text{b}} = A_n f_{\text{t}}^{\text{b}}$ $N_{\text{t}}^{\text{b}} > N$ $F_{\text{s}} = 0.95(\gamma_G F + \gamma_Q Q_{3k})$ $F_{\text{s}} = 0.95(\gamma_G G_{4k} + \gamma_Q Q_{3k})$	式中 N——对拉螺栓最大轴力设计值； N_{t}^{b}——对拉螺栓轴向拉力设计值； a——对拉螺栓横向间距； b——对拉螺栓竖向间距； F_{s}——新浇混凝土作用于模板上的侧压力、振捣混凝土对垂直模板产生的水平荷载或倾倒混凝土时作用于模板上的侧压力设计值； 0.95——荷载值折减系数； A_n——对拉螺栓净截面面积； f_{t}^{b}——螺栓的抗拉强度设计值； γ_G——恒荷载分项系数； F——新浇混凝土对模板的侧压力计算值； γ_Q——活荷载分项系数； G_{4k}——新浇混凝土作用于模板的侧压力标准值； Q_{3k}——倾倒混凝土时对垂直面模板产生的水平荷载标准值

8.1.5 柱箍强度的计算

柱箍需要采用扁钢、角钢、槽钢、木楞制成，其受力状态应为拉弯杆件。柱箍强度的计算见表 8-5。

8.1.6 木立柱的计算

木立柱的计算见表 8-6。

表8-5　柱箍强度的计算

项目	公式	备注
柱箍强度的计算	$\dfrac{N}{A_n}+\dfrac{M_x}{W_{nx}}\leqslant f$ 或 f_m $N=\dfrac{ql_3}{2}$ $q=F_sl_1$ $M_x=\dfrac{ql_2^2}{8}=\dfrac{F_sl_1l_2^2}{8}$	式中　N——柱箍轴向拉力设计值； q——沿柱箍跨向垂直线荷载设计值； A_n——柱箍净截面面积； M_x——柱箍承受的弯矩设计值； W_{nx}——柱箍截面抵抗矩； f——钢材抗弯强度设计值； f_m——木材抗弯强度设计值； F_s——新浇混凝土作用于模板上的侧压力，振捣混凝土对垂直模板产生的水平荷载或倾倒混凝土时作用于模板上的侧压力设计值； l_1——柱箍的间距； l_2——长边柱箍的计算跨度； l_3——短边柱箍的计算跨度

表8-6　木立柱的计算

项目	公式	备注
木立柱强度的计算	$\sigma_c=\dfrac{N}{A_n}\leqslant f_c$	式中　N——轴心压力设计值； A_n——木立柱受压杆件的净截面面积； f_c——木材顺纹抗压强度设计值
木立柱稳定性的计算	$\dfrac{N}{\varphi A_0}\leqslant f_c$ 树种强度等级为TC17、TC15及TB20时 $\quad\lambda\leqslant75\quad\varphi=\dfrac{1}{1+(\frac{\lambda}{80})^2}$ $\qquad\lambda>75\quad\varphi=\dfrac{3000}{\lambda^2}$ 树种强度等级为TC13、TC11、TB17及TB15时 $\quad\lambda\leqslant91\quad\varphi=\dfrac{1}{1+(\frac{\lambda}{65})^2}$ $\qquad\lambda>91\quad\varphi=\dfrac{2800}{\lambda^2}$ $\lambda=\dfrac{L_0}{i}$ $i=\sqrt{\dfrac{I}{A}}$	式中　N——轴心压力设计值； f_c——木材顺纹抗压强度设计值； A_0——木立柱跨中毛截面面积，当无缺口时，$A_0=A$； φ——轴心受压杆件稳定系数； L_0——木立柱受压杆件的计算长度； i——木立柱受压杆件的回转半径； I——受压杆件毛截面惯性矩； A——杆件毛截面面积

8.1.7　工具式钢管立柱受压稳定性计算

工具式钢管立柱受压稳定性计算见表8-7。

表8-7　工具式钢管立柱受压稳定性的计算

项目	公式	备注
杆件轴心压力设计值的计算（立柱考虑插管与套管间因松动而产生的偏心）	$\dfrac{N}{\varphi_x A}+\dfrac{\beta_{mx}M_x}{W_{1x}\left(1-0.8\dfrac{N}{N_{Ex}}\right)}\leqslant f$ $\lambda_x=\dfrac{\mu L_0}{i_2}$ $\mu=\sqrt{\dfrac{1+n}{2}}$ $n=\dfrac{I_{x_2}}{I_{x_1}}$ $M_x=N\dfrac{d}{2}$ $N_{Ex}=\dfrac{\pi^2 EA}{\lambda_x^2}$	式中　N——所计算杆件的轴心压力设计值； φ_x——弯矩作用平面内的轴心受压构件稳定系数； f——钢材屈服强度； I_{x_1}——上插管惯性矩； I_{x_2}——下套管惯性矩； A——钢管毛截面面积； β_{mx}——等效弯矩系数，此处为$\beta_{mx}=1.0$； M_x——弯矩作用平面内偏心弯矩值； d——钢管支柱外径； W_{1x}——弯矩作用平面内较大受压纤维的毛截面抵抗矩； N_{Ex}——欧拉临界力； E——钢管弹性模量

项目	公式	备注
轴心受压杆件的计算	$\dfrac{N}{\varphi A} \leqslant f$	式中 N——轴心压力设计值； φ——轴心受压稳定系数； A——轴心受压杆件毛截面面积； f——钢材抗压强度设计值
插销抗剪的计算	$N \leqslant 2A_n f_v^b$	式中 f_v^b——钢插销抗剪强度设计值； A_n——钢插销的净截面面积
插销处钢管壁端面承压的计算	$N \leqslant f_c^b A_c^b$ $A_c^b = 2dt$	式中 f_c^b——插销孔处管壁端承压强度设计值； A_c^b——两个插销孔处管壁承压面积； d——插销直径； t——管壁厚度

8.1.8 扣件式钢管立柱的计算

室外露天支模组合风荷载时，扣件式钢管立柱的计算见表 8-8。

表8-8 扣件式钢管立柱的计算

项目	公式	备注
扣件式钢管立柱的计算	$N_w = 1.2\sum\limits_{i=1}^{n} N_{Gik} + 0.9 \times 1.4\sum\limits_{i=1}^{n} N_{Qik}$ $M_w = \dfrac{0.9 \times 1.4 w_k l_a h^2}{10}$	式中 $\sum\limits_{i=1}^{n} N_{Gik}$——各恒载标准值对立杆产生的轴向力之和； $\sum\limits_{i=1}^{n} N_{Qik}$——各活荷载标准值对立杆产生的轴向力之和，另加 $\dfrac{M_w}{l_b}$ 的值； w_k——风荷载标准值； h——纵横水平拉杆的计算步距； l_a——立柱迎风面的间距； l_b——与迎风面垂直方向的立柱间距

8.1.9 门形立柱的稳定性计算

门形立柱的稳定性计算见表 8-9。

表8-9 门形立柱的稳定性计算

项目	公式	备注
门形立柱的稳定性计算	$\dfrac{N}{\varphi A_0} \leqslant kf$ 不考虑风荷载作用时，N 计算 $N = 0.9\left[1.2\left(N_{Gk}H_0 + \sum\limits_{i=1}^{n} N_{Gik}\right) + 1.4N_{Qik}\right]$ 露天支模考虑风荷载时，N 计算 $N = 0.9\left[1.2\left(N_{Gk}H_0 + \sum\limits_{i=1}^{n} N_{Gik}\right) + 0.9 \times 1.4\left(N_{Qik} + \dfrac{2M_w}{b}\right)\right]$ $N = 0.9\left[1.35\left(N_{Gk}H_0 + \sum\limits_{i=1}^{n} N_{Gik}\right) + 1.4\left(0.7N_{Qik} + 0.6\dfrac{2M_w}{b}\right)\right]$ $M_w = \dfrac{q_w h^2}{10}$	式中 N——作用于一榀门形支柱的轴向力设计值； N_{Gk}——每米高度门架、配件、水平加固杆、纵横扫地杆、剪刀撑自重产生的轴向力标准值； $\sum\limits_{i=1}^{n} N_{Gik}$——一榀门架范围内所作用的模板、钢筋、新浇混凝土的各种恒载轴向力标准值总和； N_{Q1k}——一榀门架范围内所作用的振捣混凝土时的活荷载标准值； H_0——以米为单位的门形支柱的总高度值； M_w——风荷载产生的弯矩标准值； q_w——风线荷载标准值； h——垂直门架平面的水平加固杆的底层步距； A_0——门架两边立杆的毛截面面积，$A_0 = 2A$； k——调整系数（可调底座调节螺栓伸出长度不超过200mm时，取1，伸出长度为300mm时，取0.9，超过300mm时，取0.8）； f——钢管强度设计值； φ——门形立柱立杆的稳定系数

项目	公式	备注
门形立柱的稳定性计算	$$i = \sqrt{\dfrac{I}{A_l}}$$ $$I = I_0 + I_1\dfrac{h_1}{h_0}$$	i——门形立柱换算截面回转半径； h_0——门形架高度； h_1——门形架加强杆的高度； A_l——门形架一边立杆的毛截面面积； I_0——门形架一边立杆的毛截面惯性矩； I_1——门形架一边加强杆的毛截面惯性矩

8.1.10　立柱底地基承载力的计算

立柱底地基承载力的计算见表 8-10。

表 8-10　立柱底地基承载力的计算

项目	公式	备注
立柱底地基承载力的计算	$$p = \dfrac{N}{A} \leqslant m_f f_{ak}$$	式中　p——立柱底垫木的底面平均压力； N——上部立柱传到垫木顶面的轴向力设计值； A——垫木底面面积； f_{ak}——地基土承载力设计值； m_f——立柱垫木地基土承载力折减系数

8.1.11　悬臂梁的计算

悬臂梁的反力、剪力、弯矩、挠度的计算可参见表 8-11。

表 8-11　悬臂梁的反力、剪力、弯矩、挠度的计算

荷载形式				
M 图				
V 图				
弯矩	$M_B = -\dfrac{1}{2}ql^2$	$M_B = -\dfrac{qa}{2}(2l-a)$	$M_B = -Fl$	$M_B = -Fb$
挠度	$w_A = \dfrac{ql^4}{8EI}$	$w_A = \dfrac{q}{24EI}(3l^4 - 4b^3l + b^4)$	$w_A = \dfrac{Fl^3}{3EI}$	$w_A = \dfrac{Fb^2}{6EI}(3l-b)$
反力	$R_B = ql$	$R_B = qa$	$R_B = F$	$R_B = F$
剪力	$V_B = -R_B$	$V_B = -R_B$	$V_B = -R_B$	$V_B = -R_B$

8.2　铝合金模板、全钢大模板与滑动模板的计算

8.2.1　铝合金模板的计算

铝合金模板有关计算公式见表 8-12。

表8-12　铝合金模板有关计算公式

项目	公式	备注
承载力极限状态下，采用荷载基本组合的效应设计值	$S=1.35\alpha\sum_{i=1}^{m}S_{Gik}+1.4\varphi_{c_j}\sum_{j=1}^{n}S_{Gjk}$	式中　α——模板、支撑系统的类型系数（底面模板、支撑系统一般取1；侧面模板一般取0.9）； S_{Gik}——第i个永久荷载标准值产生的效应值； S_{Gjk}——第j个可变荷载标准值产生的效应值； φ_{c_j}——第j个可变荷载的组合值系数，一般宜取$c_j\geqslant0.9$
正常使用的极限状态应采用标准组合，其变形的验算	$\alpha_{fG}\leqslant\alpha_{f,\,lim}$	式中　α_{fG}——根据永久荷载标准值计算的构件变形值； $\alpha_{f,\,lim}$——构件变形限值
验算跨中、悬臂端的最不利抗弯承载力与变形值，铝合金模板的抗弯强度计算	$\sigma=\dfrac{M_{max}}{W_x}\leqslant f_a$	式中　M_{max}——最不利弯矩设计值，一般取均布荷载与集中荷载分别作用时计算结果的大值； W_x——主型材有效净截面绕弯曲轴的抵抗矩； f_a——铝合金的抗弯强度设计值
验算跨中、悬臂端的最不利抗弯承载力与变形值，铝合金模板简支梁的挠度计算	$a_{fG}=\dfrac{5q_GL^4}{384E_aI_x}\leqslant a_{f,\,lim}$ $a_{fG}=\dfrac{5q_GL^4}{384E_aI_x}+\dfrac{PL^3}{48E_aI_x}\leqslant a_{f,\,lim}$	式中　a_{fG}——根据恒荷载标准值计算的模板挠度； q_G——均布线荷载标准值； E_a——铝合金的弹性模量； I_x——主型材有效净截面绕弯曲轴的惯性矩； L——模板计算跨度； P——集中荷载标准值； $a_{f,\,lim}$——模板挠度限值
背楞计算时可根据连续梁、简支梁或悬臂梁计算，应验算最不利承载力与变形，背楞抗弯强度的计算	$\sigma=\dfrac{M_{max}}{W_s}\leqslant f_s$	式中　f_s——钢材的抗弯强度设计值； M_{max}——最不利弯矩设计值； W_s——背楞净截面抵抗矩中荷载产生的弯矩设计值两者中，选取计算结果较大者
背楞计算时可根据连续梁、简支梁或悬臂梁计算，应验算最不利承载力与变形，背楞抗剪强度的计算	$\tau=\dfrac{VS_0}{I_st_w}\leqslant f_{vs}$	式中　f_{vs}——钢材的抗剪强度设计值； I_s——背楞的毛截面惯性矩； S_0——计算剪应力处以上毛截面对中和轴的面积矩； t_w——腹板厚度； V——计算截面沿腹板平面作用的剪力设计值
背楞计算时可根据连续梁、简支梁或悬臂梁计算，应验算最不利承载力与变形，背楞挠度的计算（简支梁）	$a_{fG}=\dfrac{5q_GL^4}{384E_aI_x}\leqslant a_{f,\,lim}$ $a_{fG}=\dfrac{5q_GL^4}{384E_aI_x}+\dfrac{PL^3}{48E_aI_x}\leqslant a_{f,\,lim}$	式中　a_{fG}——根据永久荷载标准值计算的构件挠度； q_G——均布线荷载标准值； P——集中荷载标准值； E_a——钢材的弹性模量； I_x——背楞截面绕弯曲轴的惯性矩； L——计算跨度； $a_{f,\,lim}$——模板挠度极限值
对拉螺杆承载力的计算	$N=h_ah_bF_s$ $N_t^b=A_nf_t^b$ $N_t^b>N$	式中　N——对拉螺杆最大轴力设计值； h_a——对拉螺杆横向间距； h_b——对拉螺杆竖向间距； F_s——新浇混凝土作用于模板上的侧压力设计值、混凝土下料时作用于模板的侧压力设计值； N_t^b——对拉螺杆轴向受拉承载力设计值； A_n——对拉螺杆净截面面积； f_t^b——对拉螺杆的抗拉强度设计值
对拉片承载力的计算	$N=h_ah_bF_s$ $N_t^b=A_nf_t^b$ $N_t^b>N$	式中　N——对拉片最大轴力设计值； h_a——对拉片横向间距； h_b——对拉片竖向间距； F_s——新浇混凝土作用于模板上的侧压力设计值； N_t^b——对拉片轴向受拉承载力设计值； A_n——对拉片净截面面积； f_t^b——对拉片的抗拉强度设计值
销钉抗剪强度的计算	$\tau\leqslant A_nf_{vs}$	式中　τ——销钉的抗剪强度计算值； A_n——销钉的净截面面积； f_{vs}——销钉的抗剪强度设计值

续表

项目	公式	备注
工具式支撑受压稳定性计算（压弯杆件进行的情况）	$\dfrac{N_L}{\varphi A} + \dfrac{\beta_{mx} M}{W_{1x}\left(1 - \dfrac{0.8N}{N_{Ex}}\right)} \leq f_s$	式中 φ——弯矩作用平面内的轴心受压构件稳定系数； A——钢管毛截面面积； N_L——支撑杆的轴心压力设计值； W_{1x}——弯矩作用平面内较大受压的毛截面抵抗矩； N_{Ex}——欧拉临界力； N——最大轴心压力设计值； β_{mx}——等效弯矩系数； M——弯矩作用平面内偏心弯矩值； f_s——钢材抗压强度设计值
工具式支撑受压稳定性计算（轴心受压杆件的情况）	$\dfrac{N_L}{\varphi A} \leq f_s$	式中 φ——轴心受压构件稳定系数； A——轴心受压杆件毛截面面积； N_L——支撑杆的轴心压力设计值
插销抗剪的计算（工具式支撑）	$V \leq 2A_n f_{vs}$	式中 A_n——插销净截面面积； f_{vs}——插销的抗剪强度设计值
插销处钢管壁端面承压的计算（工具式支撑）	$N \leq f_c^b A_c^b$	式中 f_c^b——插销孔处管壁端承压强度设计值； A_c^b——两个插销孔处管壁承压面积
早拆模板支撑间距	$L_{et} \leq 12.9h\sqrt{\dfrac{f_{et}}{\beta \xi_e \left(\gamma_c h + Q_{ek}\right)}}$	式中 L_{et}——早拆模板支撑间距； β——弯矩系数； ξ_e——施工管理状态的不定性系数； γ_c——混凝土重力密度； Q_{ek}——施工活荷载标准值； h——楼板厚度； f_{et}——早拆模板时混凝土轴心抗拉强度标准值
第 i 层支撑分配到的荷载设计值的计算（布置相同的标准层）	$F_i = F\dfrac{E_{t_i}}{\displaystyle\sum_{j=1}^{n} E_{t_j}}$	式中 n——支撑的总层数； E_{t_i}——龄期 t 时第 i 层混凝土的弹性模量； E_{t_j}——龄期 t 时第 j 层混凝土的弹性模量； F_i——第 i 层支撑分配到的荷载设计值； F——支撑所承受的全部荷载设计值

8.2.2　全钢大模板的计算

全钢大模板有关计算公式见表 8-13。

表8-13　全钢大模板有关计算公式

项目	公式	备注
新浇筑混凝土作用于模板的侧压力标准值	$F = 0.28\gamma_c t_0 \beta V^{0.5}$ $F = \gamma_c H$	式中 F——新浇筑混凝土作用于模板的最大侧压力标准值； V——混凝土的浇筑速率； t_0——新浇筑混凝土的初凝时间； H——混凝土侧压力计算位置处至新浇混凝土顶面的总高度； γ_c——混凝土的重力密度； β——混凝土坍落度影响修正系数
钢面板抗弯强度的计算	$\sigma_{max} = \dfrac{M_{max}}{W} \leq f$	式中 M_{max}——最不利弯矩设计值； σ_{max}——板面最大正应力； f——钢材抗弯强度设计值； W——净截面抵抗矩，mm^3
对拉螺栓强度的计算	$N = abF_s$ $N_t^b = A_n f_t^b$ $N_t^b > N$	式中 a——对拉螺栓横向间距； b——对拉螺栓竖向间距； N——对拉螺栓最大轴力设计值； N_t^b——对拉螺栓轴向拉力设计值； A_n——对拉螺栓净截面面积； f_t^b——螺栓的抗拉强度设计值； F_s——新浇筑混凝土作用于模板上的侧压力、振捣混凝土对垂直模板产生的水平荷载或倾倒混凝土时作用于模板上的侧压力设计值

续表

项目	公式	备注
面板与竖肋正面角焊缝的验算	$\sigma_f = \dfrac{N}{h_e l_w} \leqslant \beta_f f_t^w$	式中 h_e——角焊缝的计算厚度，对直角角焊缝等于$0.7h_f$，h_f为焊脚尺寸； l_w——角焊缝的计算长度，对每条焊缝取实际长度减去$2h_f$； β_f——正面角焊缝的强度设计值增大系数，对承受净荷载取β_f=1.22； N——轴心拉力或轴心压力； f_t^w——角焊缝的强度设计值
风荷载作用下大模板自稳角的验算	$\alpha \geqslant \dfrac{\arcsin\left[-P+\left(P^2+4K^2\omega_k^2\right)^{0.5}\right]}{2K\omega_k}$ $\omega_k = \dfrac{\mu_s \mu_z v_f^2}{1600}$	式中 K——抗倾倒系数； ω_k——风荷载标准值； μ_s——风荷载体型系数，取μ_s=1.3； μ_z——风压高度变化系数，大模板地面堆放时μ_z=1； v_f——风速； α——大模板自稳角； P——大模板单位面积自重
每个钢吊环净截面面积	$S_d \geqslant \dfrac{K_d F_x}{2\times 50}$	式中 F_x——大模板吊装时每个吊环所承受荷载的设计值； K_d——截面调整系数，通常K_d=2.6； S_d——吊环净截面面积

8.2.3 液压滑动模板设备的计算

液压滑动模板设备刹车制动力的计算见表 8-14。

表8-14 液压滑动模板设备刹车制动力的计算

项目	公式	备注
操作平台上垂直运输荷载及制动时的刹车力：平台上垂直运输的额定附加荷载均应按实计算；垂直运输设备刹车制动力的计算公式	$W = \left(\dfrac{A}{g}+1\right)Q = kQ$	式中 W——刹车时产生的荷载； A——刹车时的制动减速度，一般取g值的$1\sim2$倍； g——重力加速度； Q——料罐总重； k——动荷载系数，在$2\sim3$间取用

第**9**章

常用数据即查即用

9.1 材料设计和应用数据

9.1.1 钢材、钢铸件的物理性能指标

钢材、钢铸件的物理性能指标见表 9-1。

表9-1 钢材、钢铸件的物理性能指标

线膨胀系数（以每℃计）	质量密度/（kN/mm³）	弹性模量/MPa	剪切模量/MPa
12×10^{-6}	78.5	2.06×10^5	0.79×10^5

9.1.2 钢材的强度设计值

钢材的强度设计值，需要根据钢材厚度或直径通过表 9-2 来采用、选择。

表9-2 钢材的强度设计值

钢材		钢材的强度设计值/MPa		
牌号	厚度或直径/mm	抗拉、抗压和抗弯	抗剪	端面承压（刨平顶紧）
Q235 钢	≤16	215	125	325
	>16~40	205	120	
	>40~60	200	115	
	>60~100	190	110	
Q345 钢	≤16	310	180	400
	>16~35	295	170	
	>35~50	265	155	
	>50~100	250	145	
Q390 钢	≤16	350	205	415
	>16~35	335	190	
	>35~50	315	180	
	>50~100	295	170	

钢材		钢材的强度设计值/MPa		
牌号	厚度或直径/mm	抗拉、抗压和抗弯	抗剪	端面承压（刨平顶紧）
Q420 钢	≤16	380	220	440
	>16～35	360	210	
	>35～50	340	195	
	>50～100	325	185	

注：表中厚度是指计算点的钢材厚度。对轴心受拉、轴心受压构件是指截面中较厚板件的厚度。

9.1.3　钢铸件的强度设计值

钢铸件的强度设计值见表 9-3。

表9-3　钢铸件的强度设计值

钢号	钢铸件的强度设计值/MPa		
	抗拉、抗压和抗弯	抗剪	端面承压（刨平顶紧）
ZG200-400	155	90	260
ZG230-450	180	105	290
ZG270-500	210	120	325
ZG310-570	240	140	370

9.1.4　钢材焊缝的强度设计值

钢材焊缝的强度设计值见表 9-4。

表9-4　钢材焊缝的强度设计值

焊接方法和焊条型号	构件钢材		焊缝的强度设计值/MPa				角焊缝
			对接焊缝				抗拉、抗压、抗剪
	牌号	厚度或直径/mm	抗压	焊缝质量为下列等级时，抗拉		抗剪	
				一级、二级	三级		
自动焊、半自动焊、E43型焊条的手工焊	Q235 钢	≤16	215	215	185	125	160
		>16～40	205	205	175	120	
		>40～60	200	200	170	115	
		>60～100	190	190	160	110	
自动焊、半自动焊、E50型焊条的手工焊	Q345 钢	≤16	310	310	265	180	200
		>16～35	295	295	250	170	
		>35～50	265	265	225	155	
		>50～100	250	250	210	145	
自动焊、半自动焊、E55型焊条的手工焊	Q390 钢	≤16	350	350	300	205	220
		>16～35	335	335	285	190	
		>35～50	315	315	270	180	
		>50～100	295	295	250	170	
	Q420 钢	≤16	380	380	320	220	220
		>16～35	360	360	305	210	
		>35～50	340	340	290	195	
		>50～100	325	325	275	185	

注：1. 表中厚度是指计算点的钢材厚度。对轴心受拉、轴心受压构件是指截面中较厚板件的厚度。

2. 焊缝质量等级厚度小于8mm钢材的对焊焊缝，不应采用超声波探伤确定焊缝质量等级。

3. 自动焊、半自动焊所采用的焊丝与焊剂，需要保证其熔覆金属的力学性能不低于现行国家标准《埋弧焊用非合金钢及细晶粒钢实心焊丝、药芯焊丝和焊丝-焊剂组合分类要求》（GB/T 5293—2018）、《埋弧焊用热强钢实心焊丝、药芯焊丝和焊丝-焊剂组合分类要求》（GB/T 12470—2018）等相关的规定。

9.1.5 螺栓连接的强度设计值

螺栓连接的强度设计值见表9-5。

表9-5 螺栓连接的强度设计值

螺栓的性能等级，锚栓、构件钢材的牌号		螺栓连接的强度设计值/MPa						锚栓	承压型连接高强度螺栓		
		普通螺栓									
		C级螺栓			A级、B级螺栓						
		抗拉	抗剪	承压	抗拉	抗剪	承压	抗拉	抗拉	抗剪	承压
构件	Q235钢	—	—	305	—	—	405	—	—	—	470
	Q345钢	—	—	385	—	—	510	—	—	—	590
	Q390钢	—	—	400	—	—	530	—	—	—	615
	Q420钢	—	—	425	—	—	560	—	—	—	655
普通螺栓	4.6级、4.8级	170	140	—	—	—	—	—	—	—	—
	5.6级	—	—	—	210	190	—	—	—	—	—
	8.8级	—	—	—	400	320	—	—	—	—	—
锚栓	Q235钢	—	—	—	—	—	—	140	—	—	—
	Q345钢	—	—	—	—	—	—	180	—	—	—
承压型连接高强度螺栓	8.8级	—	—	—	—	—	—	—	400	250	—
	10.9级	—	—	—	—	—	—	—	500	310	—

注：1.A级螺栓用于$d \leqslant 24mm$和$l \leqslant 10d$或$l \leqslant 150mm$（按较小值）的螺栓。B级螺栓用于$d > 24mm$或$l > 10d$或$l > 150mm$（根据较小值）的螺栓。其中，d表示公称直径，l表示螺杆公称长度。

2.A级、B级螺栓孔的精度与孔壁表面粗糙度，C级螺栓孔的允许偏差、孔壁表面粗糙度，均需要符合现行国家标准《钢结构工程施工质量验收标准》（GB 50205—2020）的要求。

9.1.6 对拉螺栓轴向拉力设计值

对拉螺栓轴向拉力设计值见表9-6。

表9-6 对拉螺栓轴向拉力设计值

螺栓直径/mm	螺栓内径/mm	净截面面积/mm²	重量/（N/m）	轴向拉力设计值/kN
M12	9.85	76	8.9	12.9
M14	11.55	105	12.1	17.8
M16	13.55	144	15.8	24.5
M18	14.93	174	20.0	29.6
M20	16.93	225	24.6	38.2
M22	18.93	282	29.6	47.9

9.1.7 钢构件或连接件强度设计值的折减系数

钢构件或连接件强度设计值的折减系数见表9-7。

表9-7 钢构件或连接件强度设计值的折减系数

项目	折减系数
单面连接的单角钢——根据轴心受力计算强度和连接	0.85
单面连接的单角钢——根据轴心受压计算稳定性：长边相连的不等边角钢	0.7
单面连接的单角钢——根据轴心受压计算稳定性：等边角钢	$0.6 + 0.0015\lambda$，但不大于1

项目	折减系数
单面连接的单角钢——根据轴心受压计算稳定性：短边相连的不等边角钢	$0.5 + 0.0025\lambda$，但不大于 1
施工条件较差的高空安装焊缝连接	0.9
无垫板的单面施焊对接焊缝	0.85

注：1.λ 表示长细比，对中间无连系的单角钢压杆，一般根据最小回转半径来计算。当 $\lambda < 20$ 时，取 $\lambda = 20$。
　　2.如果上述几种情况同时存在，其折减系数需要连乘。

9.1.8 电阻点焊的抗剪承载力设计值

电阻点焊的抗剪承载力设计值见表 9-8。

表9-8　电阻点焊的抗剪承载力设计值

相焊板件中外层较薄板件的厚度 /mm	每个焊点的抗剪承载力设计值 /kN	相焊板件中外层较薄板件的厚度 /mm	每个焊点的抗剪承载力设计值 /kN
0.4	0.6	2	5.9
0.6	1.1	2.5	8
0.8	1.7	3	10.2
1	2.3	3.5	12.6
1.5	4	—	—

9.1.9 针叶树种木材适用的强度等级

针叶树种木材适用的强度等级见表 9-9。

表9-9　针叶树种木材适用的强度等级

强度等级	组别	适用树种
TC11	A	铁冷杉　北美黄松　东部铁杉　杉木　西北云杉　新疆云杉
	B	速生杉木　速生马尾松　新西兰辐射松　冷杉
TC13	A	新疆落叶松　云南松　马尾松　扭叶松　北美落叶松　海岸松　油松
	B	俄罗斯红松　丽江云杉　樟子松　红松　西加云杉　欧洲云杉　北美山地云杉　北美短叶松　红皮云杉
TC15	A	西部铁杉　太平洋海岸黄柏　南方松　铁杉　油杉
	B	西南云杉　南亚松　鱼鳞云杉
TC17	A	湿地松　粗皮落叶松　柏木　长叶松
	B	欧洲赤松　欧洲落叶松　东北落叶松

9.1.10 阔叶树种木材适用的强度等级

阔叶树种木材适用的强度等级见表 9-10。

表9-10　阔叶树种木材适用的强度等级

强度等级	适用范围
TB11	大叶椴　小叶椴
TB13	深红梅兰蒂　浅红梅兰蒂　白梅兰蒂　巴西红厚壳木
TB15	锥栗（栲木）　桦木　黄梅兰蒂　梅萨瓦木　水曲柳　红劳罗木

强度等级	适用范围
TB17	栎木　达荷玛木　萨佩莱木　苦油树　毛罗藤黄
TB20	门格里斯木　卡普木　沉水稍克隆　紫心木　塔特布木　绿心木　青冈　稠木

9.1.11　木材的强度设计值与弹性模量

正常情况下，木材的强度设计值与弹性模量，可以根据表 9-11 来采用、选择。

表9-11　木材的强度设计值与弹性模量

强度等级	组别	木材的强度设计值与弹性模量/MPa							
		抗弯	顺纹抗压及承压	顺纹抗拉	顺纹抗剪	横纹承压			弹性模量
						全表面	局部表面和齿面	拉力螺栓垫板下	
TB20	—	20	18	12	2.8	4.2	6.3	8.4	12000
TB17	—	17	16	11	2.4	3.8	5.7	7.6	11000
TB15	—	15	14	10	2.0	3.1	4.7	6.2	10000
TB13	—	13	12	9.0	1.4	2.4	3.6	4.8	8000
TB11	—	11	10	8.0	1.3	2.1	3.2	4.1	7000
TC17	A	17	16	10	1.7	2.3	3.5	4.6	10000
	B		15	9.5	1.6				
TC15	A	15	13	9.0	1.6	2.1	3.1	4.2	10000
	B		12	9.0	1.5				
TC13	A	13	12	8.5	1.5	1.9	2.9	3.8	10000
	B		10	8.0	1.4				9000
TC11	A	11	10	7.5	1.4	1.8	2.7	3.6	9000
	B		10	7.0	1.2				

注：计算木构件端部的拉力螺栓垫板时，木材横纹承压强度设计值一般根据"局部表面和齿面"一栏的数值来采用。

9.1.12　不同使用条件下木材的调整系数

不同使用条件下，木材的强度设计值和弹性模量需要乘以相应调整系数，具体见表 9-12。

表9-12　不同使用条件下木材强度设计值和弹性模量的调整系数

使用条件	调整系数	
	强度设计值	弹性模量
用在木构筑物时	0.9	1
施工和维修时的短暂情况	1.2	1
露天环境	0.9	0.85
长期生产性高温环境，木材表面温度达 40~50℃	0.8	0.8
按恒荷载验算时	0.8	0.8

注：1. 当仅有恒荷载或恒荷载产生的内力超过全部荷载所产生的内力的80%时，一般是单独以恒荷载进行验算。
2. 热工若干条件同时出现时，则表列各系数需要连乘。

9.1.13 不同设计使用年限时的木材调整系数

不同设计使用年限，木材的强度设计值、弹性模量，需要乘以调整系数，具体见表 9-13。

表9-13 不同设计使用年限木材强度设计值和弹性模量的调整系数

设计使用年限	调整系数	
	强度设计值	弹性模量
5 年	1.1	1.1
25 年	1.05	1.05
50 年	1	1
100 年及以上	0.9	0.9

注：木模板设计，一般根据使用年限为5年来考虑。

9.1.14 覆面竹胶合板抗弯强度设计值与弹性模量

覆面竹胶合板抗弯强度设计值和弹性模量见表 9-14。

表9-14 覆面竹胶合板抗弯强度设计值和弹性模量

项目	板厚度/mm	板的层数	
		3层	5层
胶合强度 /MPa	15	3.5	5
握钉力 / （N/mm）	15	120	120
抗弯强度设计值 /MPa	15	37	35
弹性模量 /MPa	15	10584	9898
冲击强度 / （J/cm²）	15	8.3	7.9

9.1.15 覆面木胶合板抗弯强度设计值与弹性模量

覆面木胶合板抗弯强度设计值与弹性模量见表 9-15。

表9-15 覆面木胶合板抗弯强度设计值与弹性模量

项目	板厚度/mm	表面材料					
		克隆、山樟		桦木		板质材	
		平行方向	垂直方向	平行方向	垂直方向	平行方向	垂直方向
弹性模量 /MPa	12	11.5×10^3	7.3×10^3	10×10^3	4.7×10^3	4.5×10^3	9.0×10^3
	15	11.5×10^3	7.1×10^3	10×10^3	5.0×10^3	4.2×10^3	9.0×10^3
	18	11.5×10^3	7.0×10^3	10×10^3	5.4×10^3	4.0×10^3	8.0×10^3
抗弯强度设计值 /MPa	12	31	16	24	16	12.5	29
	15	30	21	22	17	12	26
	18	29	21	20	15	11.5	25

9.1.16　复合木纤维板抗弯强度设计值与弹性模量

复合木纤维板抗弯强度设计值与弹性模量见表 9-16。

表 9-16　复合木纤维板抗弯强度设计值与弹性模量

项目	板厚度/mm	受力方向	
		横向	纵向
垂直表面抗拉强度设计值 /MPa	≥12	＞1.8	＞1.8
抗弯强度设计值 /MPa	≥12	14～16	27～33
弹性模量 /MPa	≥12	$6×10^3$	$6×10^3$

9.1.17　模板中常用建筑材料的自重

模板中常用建筑材料的自重见表 9-17。

表 9-17　模板中常用建筑材料的自重

名称	单位	自重	备注
铸铁	kN/m^3	72.5	—
钢	kN/m^3	78.5	—
铝	kN/m^3	27	—
铝合金	kN/m^3	28	—
普通砖	kN/m^3	19	$λ=0.81W/(m·K)$
黏土空心砖	kN/m^3	11～4.5	$λ=0.47W/(m·K)$
水泥空心砖	kN/m^3	9.8	290mm×290mm×140mm
石灰炉渣	kN/m^3	10～12	—
水泥炉渣	kN/m^3	12～14	—
石灰锯末	kN/m^3	3.4	石灰：锯末 =1：3
水泥砂浆	kN/m^3	20	—
膨胀珍珠岩粉料	kN/m^3	0.8～2.5	干，松散 $λ=0.045～0.065W/(m·K)$
水泥珍珠岩制品	kN/m^3	3.5～4	
膨胀蛭石	kN/m^3	0.8～2	
聚苯乙烯泡沫塑料	kN/m^3	0.5	$λ<0.03W/(m·K)$
稻草	kN/m^3	1.2	
锯末	kN/m^3	2～2.5	
浮石混凝土	kN/m^3	9～14	—
泡沫混凝土	kN/m^3	4～6	—
钢筋混凝土	kN/m^3	24～25	—
胶合三夹板（杨木）	kN/m^2	0.019	—
胶合三夹板（椴木）	kN/m^2	0.022	—
胶合三夹板（水曲柳）	kN/m^2	0.028	—

续表

名称	单位	自重	备注
胶合五夹板（杨木）	kN/m²	0.03	—
胶合五夹板（椴木）	kN/m²	0.034	—
胶合五夹板（水曲柳）	kN/m²	0.04	—
素混凝土	kN/m³	22～24	振捣或不振捣
矿渣混凝土	kN/m³	20	—
焦渣混凝土	kN/m³	16～17	承重用
焦渣混凝土	kN/m³	10～14	填充用
铁屑混凝土	kN/m³	28～65	—

9.1.18　楼板模板自重标准值

楼板模板自重标准值见表 9-18。

表9-18　楼板模板自重标准值　　　　　　　　　　单位：kN/m²

名称	木模板	定型组合钢模板
楼板模板（包括梁的模板）	0.5	0.75
楼板模板及其支架（楼层高度为 4m 以下）	0.75	1.1
平板的模板、小梁	0.3	0.5

9.1.19　倾倒混凝土时产生的水平荷载标准值

倾倒混凝土时产生的水平荷载标准值见表 9-19。

表9-19　倾倒混凝土时产生的水平荷载标准值

向模板内供料方法	水平荷载/（kN/m²）
串筒、溜槽、导管	2
容量小于 0.2 m³ 的运输器具	2
容量大于 0.8 m³ 的运输器具	6
容量为 0.2～0.8m³ 的运输器具	4

注：作用范围在有效压头高度以内。

9.2　结构数据

9.2.1　双向板均布荷载下的内力与变形系数

双向板在均布荷载作用下的内力与变形系数见表 9-20。

表9-20 双向板在均布荷载作用下的内力与变形系数

l_x/l_y	l_y/l_x	f	f_{max}	M_x	$M_{x_{max}}$	M_y	$M_{y_{max}}$	M_x^0	M_y^0
0.5		0.00257	0.00258	0.0408	0. 0409	0.0028	0.0089	−0.0836	−0.0569
0.55		0.00252	0.00255	0.0398	0.0399	0.0042	0.0093	−0.0827	−0.057
0.6		0.00245	0.00249	0.0384	0.0386	0.0059	0.0105	−0.0814	−0.571
0.65		0.00237	0.0024	0.0368	0.0371	0.0076	0.0116	−0.0796	−0.0572
0.7		0.00227	0.00229	0.035	0.0354	0.0093	0.0127	−0.0774	−0.0572
0.75		0.00216	0.00219	0.0331	0.0335	0.0109	0.0137	−0.075	−0.0572
0.8		0.00205	0.00208	0.031	0.0314	0.0124	0.0147	−0.0722	−0.057
0.85		0.00193	0.00196	0.0289	0.0293	0.0138	0.0155	−0.0693	−0.0567
0.9		0.00181	0.00184	0.0268	0.0273	0.0159	0.0163	−0.0663	−0.0563
0.95		0.00169	0.00172	0.0247	0.0252	0.016	0.0172	−0.0631	−0.0558
1	1	0.00157	0.0016	0.0227	0.0231	0.0168	0.018	−0.06	−0.055
	0.95	0.00178	0.00182	0. 0229	0.0234	0.0194	0.0207	−0.0629	−0.0599
	0.9	0.00201	0.00206	0.0228	0.0234	0.0223	0.0238	−0.0656	−0.0653
	0.85	0.00227	0.00233	0.0225	0.0231	0.0255	0.0273	−0.0683	−0.0711
	0.8	0.00256	0.0026	0.0219	0.0224	0.029	0.0311	−0.0707	−0.0772
	0.75	0.00286	0.00294	0.0208	0.0214	0.0329	0.0354	−0.0729	−0.0837
	0.7	0.00319	0.00327	0.0194	0.02	0.037	0.04	−0.0748	−0.0903
	0.65	0.00352	0.00365	0.0175	0.0182	0.0412	0.0446	−0.0762	−0.097
	0.6	0.00386	0.00403	0.0153	0.016	0.0454	0.0493	−0.0773	−0.1033
	0.55	0.00419	0.00437	0.0127	0.0133	0.0496	0.0541	−0.078	−0.1093
	0.5	0.00449	0.00463	0.0099	0.0103	0.0534	0.0588	−0.0784	−0.1146

挠度 = 表中系数 $\times \dfrac{ql^4}{B_c}$；$\mu = 0.3$

端弯矩 = 表中系数 $\times ql^2$

跨中弯矩 $M_x^0 = M_x + \mu M_y$

$M_y^0 = M_y + \mu M_x$

式中，l 取用 l_x 和 l_y 中之较小者

9.2.2 二跨不等跨连续梁的弯矩与剪力系数

二跨不等跨连续梁在均布荷载作用下的弯矩与剪力系数见表9-21。

表9-21 二跨不等跨连续梁在均布荷载作用下的弯矩与剪力系数

	静载时					活载最不利布置时					
n	M_1	M_2	$M_{B最大}$	V_A	$V_{B左最大}$	$V_{B右最大}$	V_e	$M_{1最大}$	$M_{2最大}$	$V_{A最大}$	$V_{e最大}$
1.0	0.070	0.070	−0.125	0.375	−0.625	0.625	−0.375	0.096	0.096	0.433	−0.438
1.1	0.065	0.090	−0.139	0.361	−0.639	0.676	−0.424	0.097	0.114	0.440	−0.478
1.2	0.060	0.111	−0.155	0.345	−0.655	0.729	−0.471	0.098	0.134	0.443	−0.518
1.3	0.053	0.133	−0.175	0.326	−0.674	0.784	−0.516	0.099	0.156	0.446	−0.558
1.4	0.047	0.157	−0.195	0.305	−0.695	0.839	−0.561	0.100	0.179	0.443	−0.598
1.5	0.040	0.183	−0.219	0.281	−0.719	0.896	−0.604	0.101	0.203	0.450	−0.638
1.6	0.033	0.209	−0.245	0.255	−0.745	0.953	−0.647	0.102	0.229	0.452	−0.677
1.7	0.026	0.237	−0.274	0.226	−0.774	1.011	−0.689	0.103	0.256	0.454	−0.716
1.8	0.019	0.267	−0.305	0.195	−0.805	1.069	−0.731	0.104	0.285	0.455	−0.755
1.9	0.013	0.298	−0.339	0.161	−0. 839	1.128	−0.772	0.104	0.316	0.457	−0.794
2.0	0.008	0.330	−0.375	0.125	−0.875	1.188	−0.813	0.105	0.347	0.458	−0.833
2.25	0.003	0.417	−0.477	0.023	−0.976	1.337	−0.913	0.107	0.433	0.462	−0.930
2.5	—	0.513	−0.594	−0.094	−1.094	1.488	−1.013	0.108	0.527	0.464	−1.027

荷载简图	计算公式
	弯矩 M = 表中系数 $\times q l_1^2$ (kN·m) 剪力 V = 表中系数 $\times q l_1$ (kN)

9.2.3 三跨不等跨连续梁的弯矩与剪力系数

三跨不等跨连续梁在均布荷载作用下的弯矩与剪力系数见表 9-22。

表9-22 三跨不等跨连续梁在均布荷载作用下的弯矩与剪力系数

	静载时						活载最不利布置时					
n	M_1	M_2	$M_{B支}$	V_A	$V_{B左}$	$V_{B右}$	$M_{1最大}$	$M_{2最大}$	$M_{B最大}$	$V_{A最大}$	$V_{B左最大}$	$V_{B右最大}$
0.4	0.087	−0.063	−0.083	0.417	−0.583	0.200	0.089	0.015	−0.096	0.422	−0.596	0.461
0.5	0.088	−0.049	−0.080	0.420	−0.580	0.250	0.092	0.022	−0.095	0.429	−0.595	0.450
0.6	0.088	−0.035	−0.080	0.420	−0.580	0.300	0.094	0.031	−0.095	0.434	−0.595	0.460
0.7	0.087	−0.021	−0.082	0.413	−0.582	0.350	0.096	0.040	−0.098	0.439	−0.593	0.483
0.8	0.086	−0.006	−0.086	0.414	−0.586	0.400	0.098	0.051	−0.102	0.443	−0.602	0.512
0.9	0.083	0.010	−0.092	0.408	−0.592	0.450	0.100	0.063	−0.108	0.447	−0.608	0.546
1.0	0.080	0.025	−0.100	0.400	−0.600	0.500	0.101	0.075	−0.117	0.450	−0.617	0.583
1.1	0.076	0.041	−0.110	0.390	−0.610	0.550	0.103	0.089	−0.127	0.453	−0.627	0.623
1.2	0.072	0.058	−0.122	0.378	−0.622	0.600	0.104	0.103	−0.139	0.455	−0.639	0.665
1.3	0.066	0.076	−0.136	0.365	−0.636	0.650	0.105	0.118	−0.152	0.458	−0.652	0.708
1.4	0.061	0.094	−0.151	0.349	−0.651	0.700	0.106	0.134	−0.168	0.460	−0.668	0.753
1.5	0.055	0.113	−0.163	0.332	−0.663	0.750	0.107	0.151	−0.185	0.462	−0.635	0.798
1.6	0.049	0.133	−0.187	0.313	−0.687	0.800	0.107	0.169	−0.204	0.463	−0.704	0.843
1.7	0.043	0.153	−0.203	0.292	−0.708	0.850	0.108	0.188	−0.224	0.465	−0.724	0.890
1.8	0.036	0.174	−0.231	0.269	−0.731	0.900	0.109	0.203	−0.247	0.465	−0.747	0.937
1.9	0.030	0.196	−0.255	0.245	−0.755	0.950	0.109	0.229	−0.271	0.463	−0.771	0.985
2.0	0.024	0.219	−0.281	0.219	−0.781	1.000	0.110	0.250	−0.297	0.469	−0.797	1.031
2.25	0.011	0.279	−0.354	0.146	−0.854	1.125	0.111	0.307	−0.369	0.471	−0.869	1.151
2.5	0.002	0.344	−0.433	0.063	−0.938	1.250	0.112	0.370	−0.452	0.474	−0.952	1.272
荷载简图						计算公式						
						弯矩 = 表中系数 × ql_1^2（kN·m） 剪力 = 表中系数 × ql_1（kN）						

9.2.4 地基土承载力折减系数

地基土承载力折减系数见表 9-23。

表9-23 地基土承载力折减系数（m_f）

类别	折减系数	
	支承在原土上时	支承在回填土上时
粉土、黏土的地基土	0.9	0.5
碎石土、砂土、多年填积土的地基土	0.8	0.4
岩石、混凝土的地基土	1.0	—

注：1. 回填土需要分层夯实，其各类回填土的干重度要达到所要求的密实度。
2. 立柱基础，需要有良好的排水措施，支安垫木前需要适当洒水，将原土表面夯实夯平。

9.3 组合钢模板的数据

9.3.1 组合钢模板及构配件的允许变形值

组合钢模板及构配件的允许变形值见表 9-24。

表9-24 组合钢模板及构配件的允许变形值

名称	允许变形值/mm	名称	允许变形值/mm
单块钢模板	≤1.5	桁架、钢模板结构体系	L/1000
钢楞	L/500 或≤3	支撑系统累计	≤4
钢模板的面板	≤1.5	柱箍	B/500 或≤3

注：L表示计算跨度；B表示柱宽。

9.3.2 钢模板柱箍截面特征

钢模板柱箍截面特征见表9-25。

表9-25 钢模板柱箍截面特征

规格/mm		夹板长度/mm	截面面积/cm²	惯性矩/cm⁴	截面抵抗矩/cm³	适应柱宽范围/mm
槽钢	[80×43×5	1340	10.24	101.3	25.3	500～1000
	[100× 48×5.3	1380	12.74	198.3	39.7	500～1200
圆钢管	φ48× 3.5	1200	4.89	12.1	5.08	300～700
	φ51× 3.5	1200	5.22	14.81	5.81	300～700
扁钢	-60×6	790	3.6	10.8	3.6	250～500
角钢	∟75×50×5	1068	6.12	34.86	6.83	250～750

9.3.3 钢模板对拉螺栓承载能力

钢模板对拉螺栓承载能力见表9-26。

表9-26 钢模板对拉螺栓承载能力

螺栓直径/mm	螺纹内径/mm	净面积/mm²	容许拉力/kN
M12	10.11	76	12.90
M14	11.84	105	17.80
M16	13.84	144	24.50
T12	9.50	71	12.05
T14	11.50	104	17.65
T16	13.50	143	24.27
T18	15.50	189	32.08
T20	17.50	241	40.91

9.3.4 钢模板扣件允许荷载

钢模板扣件允许荷载见表9-27。

表9-27 钢模板扣件允许荷载

项目	型号	允许荷载/kN
"3"形扣件	26 型	26
	12 型	12
蝶形扣件	26 型	26
	18 型	18

9.3.5 钢模板钢桁架截面特征

钢模板钢桁架截面特征见表9-28。

表9-28 钢模板钢桁架截面特征

项目	杆件名称	杆件规格/mm	毛截面面积 A/cm^2	杆件长度 L/mm	惯性矩 I/cm^4	回转半径 r/mm
曲面可变桁架	内外弦杆	∟25×4	2×1=2	250	4.93	1.57
	腹杆	ϕ18	2.54	277	0.52	0.45
平面可调桁架	上弦杆	∟63×6	7.2	600	27.91	1.94
	下弦杆	∟63×6	7.2	1200	27.91	1.94
	腹杆	∟36×4	2.72	876	3.3	1.1
		∟36×4	2.72	639	3.3	1.1

9.3.6 钢模板钢支柱截面特征

钢模板钢支柱截面特征见表9-29。

表9-29 钢模板钢支柱截面特征

钢模板钢支柱截面特征（一）						
项目	直径/mm		壁厚/mm	截面面积 A/cm^2	惯性矩 I/cm^4	回转半径 r/mm
	外径	内径				
插管	48	43	2.5	3.57	9.28	1.61
套管	60	55	2.5	4.52	18.7	2.03
钢模板钢支柱截面特征（二）						
项目	直径/mm		壁厚/mm	截面面积 A/cm^2	惯性矩 I/cm^4	回转半径 r/mm
	外径	内径				
插管	48	41	3.5	4.89	12.19	1.58
套管	60	53	3.5	6.21	24.88	2.00

9.3.7 钢模板四管支柱截面特征

钢模板四管支柱截面特征见表9-30。

表9-30 钢模板四管支柱截面特征

管柱规格/mm	四管中心距/mm	截面面积 A/cm^2	惯性矩 I/cm^4	截面抵抗矩/cm^3	回转半径/mm
ϕ48×3.5	200	19.57	2005.35	121.24	10.12
ϕ48×3.0	200	16.96	1739.06	105.34	10.13

9.3.8 钢模板钢楞截面特征

钢模板钢楞截面特征见表9-31。

表9-31 钢模板钢楞截面特征

	规格/mm	截面面积 A/cm^2	惯性矩 I/cm^4	截面抵抗矩/cm^3
轻型槽钢	[80×40×3	4.5	43.92	10.98
	[100×50×3	5.7	88.52	12.2

续表

规格/mm		截面面积 A/cm²	惯性矩 I/cm⁴	截面抵抗矩 /cm³
内卷边槽钢	〔80×40×15×3	5.08	48.92	12.23
	〔100×50×20×3	6.58	100.28	20.06
轧制槽钢	〔80×43×5	10.24	101.3	25.3
圆钢管	φ48×3	4.24	10.78	4.49
	φ48×3.5	4.89	12.19	5.08
	φ51×3.5	5.22	14.81	5.81
矩形钢管	□60×40×2.5	4.57	21.88	7.29
	□80×40×2	4.52	37.13	9.28
	□100×50×3	8.54	112.12	22.42

9.4 铝合金模板相关数据

9.4.1 铝合金型材的强度设计值

采用铝合金型材的建筑模板结构或构件，其强度设计值需要符合表 9-32 的要求。

表9-32　铝合金型材的强度设计值

牌号	材料 状态	壁厚/mm	抗拉、抗压、抗弯强度设计值/MPa	抗剪强度设计值/MPa
LD₂	Cs	所有尺寸	140	80
LY₁₁	Cz	≤10	146	84
	Cs	10.1～20	153	88
LY₁₂	Cz	≤5	200	116
		5.1～10	200	116
		10.1～20	206	119
LC₄	Cs	≤10	293	170
		10.1～20	300	174

注：C_z 表示淬火（自然时效）；C_s 表示淬火（人工时效）。

9.4.2 200～400mm U形铝合金挤压型材截面特征

200～400mm U 形铝合金挤压型材截面特征见表 9-33。

表9-33　200～400mm U形铝合金挤压型材截面特征

模板宽度 B/mm	400				300		200	
板面厚度 t_1/mm	3.5	4	4.5	5	3.5	4	3.5	4
边框厚度 t/mm	5	5	5	5	5	5	5	5
加6倍面板厚的边框截面惯性矩 I_x/cm⁴	26.35	30.4	31.17	34.7	22.41	23.53	22.41	23.53
截面抵抗矩 W_s/cm³	64.5	71.41	76.6	80.76	47.51	51.57	34.99	37.68
加6倍面板厚的边框截面抵抗矩 W_x/cm³	8.94	10.98	11.24	13.58	8.26	8.76	8.26	8.76

续表

模板宽度 B/mm	400				300		200	
净截面面积 A/cm²	22.78	24.95	26.78	28.79	18.56	19.83	15.06	15.83
中性轴位置 Y_x/cm	14.9	14.1	13.6	12.8	15.55	14.9	18.76	18.2
截面惯性矩 I_x/cm⁴	96.1	100.45	104.17	107.74	73.87	77.04	65.63	68.6

200～300mm U形铝合金挤压型材截面示意　　　　400mm U形铝合金挤压型材截面示意

9.4.3　50～150mm U形铝合金挤压型材截面特征

50～150mm U形铝合金挤压型材截面特征见表9-34。

表9-34　50～150mm U形铝合金挤压型材截面特征

100～150mm U形铝合金挤压型材截面特征								
模板宽度 B/mm	150		125			100		
板面厚度 t_1/mm	3.50	4.00	3.00	3.5	4.00	3.00	3.5	4.00
边框厚度 t/mm	5.00	5.00	5.00	5.00	5.00	5.00	5.00	5.00
截面惯性矩 I_x/cm⁴	59.88	62.56	54.77	56.40	58.83	50.82	52.40	54.49
截面抵抗矩 W_x/cm³	28.53	30.44	23.10	25.24	26.75	20.15	21.92	23.00
净截面面积 A/cm²	13.31	13.83	11.74	12.45	12.83	10.99	11.56	11.83
中性轴位置 Y_x/cm	20.99	20.60	23.70	22.35	22.00	25.20	23.90	23.70
50～75mm U形铝合金挤压型材截面特征								
模板宽度 B/mm	75			50				
板面厚度 t_1/mm	3	3.5	4	3	3.5	4		
边框厚度 t/mm	5	5	5	5	5	5		
截面惯性矩 I_x/cm⁴	46.28	47.25	49.33	41.03	42.26	43.14		
截面抵抗矩 W_x/cm³	17.16	18.57	19.21	14.16	15.17	15.35		
净截面面积 A/cm²	10.24	10.69	10.83	9.49	9.81	9.83		
中性轴位置 Y_x/cm	27	25.72	25.7	29	28.66	28.1		

50～150mm U形铝合金挤压型材截面示意

9.4.4　铝合金模板背楞截面特征

铝合金模板背楞截面特征见表9-35。

表9-35　铝合金模板背楞截面特征

规格/mm		截面面积/cm²	惯性矩/cm⁴	截面抵抗拒/cm³
矩形钢管	□ 60×40×2.5	4.59	22.07	7.36
	□ 80×40×2.5	5.59	45.1	11.28
	□ 60×40×3	5.41	25.37	8.46
	□ 80×40×3	6.61	52.25	13.06
	□ 100×50×3	8.54	112.12	22.42
轻型槽钢	〔80×40×3	4.5	43.92	10.98
	〔100×50×3	5.7	88.52	12.2
内卷边槽钢	〔80×40×15×3	5.08	48.92	12.23
	〔100×50×20×3	6.58	100.28	20.06

9.4.5　铝合金模板可调钢支柱钢管截面特征

铝合金模板可调钢支柱钢管截面特征见表9-36。

表9-36　铝合金模板可调钢支柱钢管截面特征

项目	直径/mm		壁厚/mm	截面面积 A/cm²	惯性矩/cm⁴	回转半径/cm
	外径	内径				
插管	48	42	3	4.24	10.78	1.59
		41	3.5	4.89	12.19	1.58
套管	60	54	3	5.37	21.87	2.02
		53	3.5	6.21	24.88	2

9.5　PP/PE 塑料模板

9.5.1　PP/PE 塑料模板的物理性能指标

PP/PE 塑料模板的物理性能指标见表9-37。

表9-37　PP/PE 塑料模板的物理性能指标

项目	弹性模量/MPa	剪切模量/MPa	线膨胀系数/°C⁻¹	质量密度/（kg/m³）
数值	≥1800	≥1380	≤1/1000	1000～1100

9.5.2　PP/PE塑料模板强度设计值

PP/PE 塑料模板强度设计值见表9-38。

表9-38　PP/PE塑料模板强度设计值

塑料类型	厚度/mm	抗弯强度/MPa	抗剪强度/MPa
PP/PE	12.5	≥17	≥2

9.6 塑料复合模板

9.6.1 塑料复合模板的规格

塑料复合模板的规格见表 9-39。

表9-39　塑料复合模板的规格　　　　　　　　　　　单位：mm

项目	平面模板	带肋模板
模板厚度	12、15、18	40、50、60、70
面板厚度	—	4、5、6
宽度	900、1000、1200	100、150、200、250、300、500、600、900
长度	1800、2000、2400	600、900、1200、1500、1800

注：带肋模板的模板厚度是指边肋高度加面板厚度。

9.6.2 塑料复合模板尺寸允许偏差

塑料复合模板尺寸允许偏差见表 9-40。

表9-40　塑料复合模板尺寸允许偏差

项目		允许偏差	项目	允许偏差
公称厚度 /mm	≤10	±0.2	长度 /mm	0 −2.0
	12	±0.3	宽度 /mm	0 −1
	15	±0.4	垂直度 /(mm/m)	+0.8 0
	18	±0.5	四边边缘直度 /（mm/m)	+1 0
	≥20	±1	翘曲度 /%	+0.5 0

9.6.3 塑料复合模板物理力学性能

塑料复合模板物理力学性能见表 9-41。

表9-41　塑料复合模板物理力学性能

项目	平面模板		带肋模板
	夹芯模板	空腹模板	
维卡软化温度 /℃	≥75	≥80	≥80
加热后尺寸变化率 /%	≤0.2		
表面硬度 /HD	≥58		
燃烧性能等级	不低于 E 级		
弯曲强度 /MPa	≥24	≥30	≥45
弯曲弹性模量 /MPa	≥1400	≥3000	≥4500

9.7 允许偏差

9.7.1 建筑大模板安装的允许偏差

混凝土结构高层建筑大模板安装的允许偏差要求见表9-42。

表9-42 混凝土结构高层建筑大模板安装的允许偏差要求

项目	允许偏差/mm	检测方法
位置	3	钢尺检测
标高	±5	水准仪或拉线、尺量
上口宽度	±2	钢尺检测
垂直度	3	2m 托线板检测

9.7.2 高层建筑爬升模板组装的允许偏差

高层建筑爬升模板组装的允许偏差要求见表9-43。

表9-43 高层建筑爬升模板组装的允许偏差要求

项目	允许偏差	检测方法
墙面留穿墙螺栓孔位置	±5mm	钢尺检测
穿墙螺栓孔直径	±2mm	
爬升支架：标高	±5mm	用水平线钢尺检测 挂线坠
爬升支架：垂直度	5mm 或爬升支架高度的 0.1%	

9.7.3 高层建筑滑模装置组装的允许偏差

高层建筑滑模装置组装的允许偏差要求见表9-44。

表9-44 高层建筑滑模装置组装的允许偏差要求

项目		允许偏差/mm	检测方法
模板结构轴线与相应结构轴线位置		3	钢尺检测
围圈位置偏差	水平方向	3	钢尺检测
	垂直方向	3	
提升架的垂直偏差	平面内	3	2m 托线板检测
	平面外	2	
安放千斤顶的提升架横梁相对标高偏差		5	水准仪或拉线、尺量
考虑倾斜度后模板尺寸的偏差	上口	−1	钢尺检测
	下口	+2	
千斤顶安装位置偏差	平面内	5	钢尺检测
	平面外	5	
圆模直径、方模边长的偏差		5	钢尺检测
相邻两块模板平面平整度偏差		2	钢尺检测

附录　随书附赠视频汇总

模板的作用与要求	模板的分类	模板的结构与体系	木方的规格与特点
模板钢材的要求	铝合金型材的要求	步步紧的规格与应用	方柱扣的特点、规格
永久荷载标准值	可变荷载标准值	模板支撑架基础知识	轮扣模板支撑支架基础知识
满堂支撑支架的基本要求	木模板的特点、类型与规格	木方的应用	木模板支撑支架的要求
对拉螺栓的特点和应用	柱木模板的结构	楼板木模板的结构	楼梯木模板的结构
楼梯木模板的安装方法和要求	墙木模板的结构	现浇结构模板安装允许偏差	铝合金模板的特点
铝合金模板的结构和制作流程	铝合金模板拉片的特点与应用	斜撑的特点、结构与应用	龙骨的特点与应用
铁片、销钉的特点与应用	其他配件	铝合金模板施工、安装的规范与要求	铝合金柱模板的特点
铝合金墙模板的结构	铝合金楼板模板的应用	铝合金楼梯模板的应用	铝合金模板拼板图的识读

参考文献

[1]　GB/T 17656—2018. 混凝土模板用胶合板.

[2]　JGJ 162—2008. 建筑施工模板安全技术规范.

[3]　JGJ 3—2010. 高层建筑混凝土结构技术规程.

[4]　GB 50204—2015. 混凝土结构工程施工质量验收规范.

[5]　DB 11/T 1611—2018. 建筑工程组合铝合金模板施工技术规范.

[6]　19G905-3. 房屋建筑工程施工工艺图解.

[7]　JGJ 386—2016. 组合铝合金模板工程技术规程.

[8]　SJG 72—2020. 建筑工程铝合金模板技术应用规程.

[9]　JG/T 3060—1999. 组合钢模板.

[10]　JG/T 418—2013. 塑料模板.

[11]　CECS 378 : 2014. 聚苯模板混凝土楼盖技术规程.

[12]　JGJ/T 352—2014. 建筑塑料复合模板工程技术规程.